上海市线上线下混合式一流本科课程配套教材
纺织服装类"十四五"部委级规划教材

# 服装基础工艺

## （新形态视频教材）

主编　王建萍

参编　姚晓凤（第1章第一节至第三节）
　　　肖　平（第2章第一节）
　　　周　宇（机缝视频制作）
　　　曾爱映（机缝视频制作）

东华大学出版社
·上海·

**图书在版编目（CIP）数据**

服装基础工艺 / 王建萍主编 . -- 上海 : 东华大学
出版社, 2025. 1. -- （新形态视频教材）. -- ISBN 978-
7-5669-2481-0

Ⅰ . TS941.6

中国国家版本馆 CIP 数据核字第 2025SY7482 号

责任编辑：徐 建 红
封面设计：东华时尚

出　　　版：东华大学出版社（地址：上海市延安西路 1882 号，邮编：200051）
本 社 网 址：dhupress.dhu.edu.cn
天猫旗舰店：dhdx.tmall.com
销 售 中 心：021-62193056　62373056　62379558
印　　　刷：上海盛通时代印刷有限公司
开　　　本：787mm×1092mm　1/16
印　　　张：6
字　　　数：165千字
版　　　次：2025年1月第1版
印　　　次：2025年1月第1次印刷
书　　　号：ISBN 978-7-5669-2481-0
定　　　价：68.00元

# 目　录

# 第 **1** 章

# 服装基础工艺概述

## 第一节　面辅料性能与基本熨烫工艺配伍

　　面辅料熨烫的过程充分利用了温度、水分及压力三个要素，本质上是通过对衣片进行给湿加温、加压、冷却，使纤维在一定湿热状态下能够舒展膨胀并在冷却后能够定型，利用纤维的热力学性质来实现对服装的热定型。在实际应用中，对面辅料的组织结构、硬挺度和弹性等方面均存在不同的要求，随之熨烫整理工艺也不尽相同。

　　棉麻织物吸湿性较理想，但抗皱性较差。在剪裁布料之前，要求充分浸泡在清水中预缩，捞起晾干，一边整理布纹一边熨烫，若是上浆织物，可用搓洗、搅拌的方式去浆后再进行熨烫，已经完成防缩防皱处理的面料直接用熨斗整纬。

　　毛呢类面料具有热缩以及缩水等方面的特性，在熨烫前将面料均匀地喷一些水雾，或者垫湿布熨烫，从织物反面用熨斗进行整纬熨烫，因为毛纤维的表面有许多鳞片，直接熨烫会产生"极光"现象。

　　丝绸作为高档服装的理想面料，具有轻柔、丝滑、软糯等特点，织物质地细薄，遇热后面料易皱缩、保形性差、尺寸不稳定。熨烫时应避免面料沾染水滴，以防形成水渍影响美观。丝织物熨烫时的温度不宜过高，适宜熨烫温度为130℃~140℃，温度过高则会使面料皱缩变形。

　　化学纤维类面料吸湿性较差，耐热程度各异，熨烫时应根据纤维种类控制温度。例如涤纶面料具有热塑性，熨烫温度不宜过高（150℃~170℃），可用干布做垫再熨烫。化纤织物通常不需缩水，在织物反面垫上湿布边整纬边烫平。混纺织物按照耐热性最差的纤维选择其熨烫温度。

## 第二节　缝纫工艺基本概念

　　缝纫工艺以服装样板和面料为基础，过程中会结合裁剪、整烫等各种工艺流程，是服装最终造型及实际应用的重要保障。缝纫工艺包括手缝工艺和机缝工艺。

　　手缝工艺历史悠久，在我国服装缝制中的地位不可缺少，即便服装制作工艺在不断革新，但手缝工艺在服装某些部位的应用仍然难以替代。随着社会的发展和科技的进步，机缝工艺在现代服装生产中已然成为最主要的工艺，其包含多种缝型。

服装基础工艺

## 第三节  手缝工艺

手缝工艺也称手针工艺或手工缝纫，指不用机械而以手对布、线、针以及其他材料进行操作的方法，其针法具有灵活多变的特点，是服装缝制中的一项重要的基础工艺。手工缝纫是一项传统的工艺，能代替缝纫机尚不能完成的技能，具有灵活方便的特点。手缝工艺是服装加工中的一项基本功，特别在缝制毛呢或丝绸服装的装饰点缀时，手缝工艺更是不可缺少的辅助工艺技法。

### 一、常用手针技法

手针技法即手工缝纫的运针方法。根据缝纫部位、材料或缝合要求和作用的不同，需采用不同的针法。

#### 1. 合缝

合缝是指将针由右向左，间隔一定距离构成针迹，依次向前运针，见图1-1。常用于多层面料缝合、假缝和装饰点缀。

合缝视频

图1-1  合缝

#### 2. 打线钉

多用于不可用刮刀做记号的羊毛、丝绸和化纤织物做标记，制作完成后可拆除，不留痕迹，见图1-2。用手缝线单线或双线，直线处针脚稍大，曲线处针脚稍小。

打线钉视频

图1-2  打线钉

### 3.回针

为了使线迹牢固，在缝的时候一边缝，一边倒一针。回针缝可分为半回针缝、全回针缝和逆向回针缝，见图1-3。针迹前后衔接，用于加固某部位的缝纫牢度。

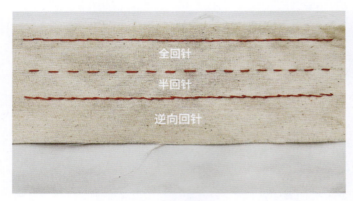

半回针视频

逆向回针视频

全回针视频

图1-3　回针

### 4.斜绗缝

多层面料为防止错位移动而固定绗缝的方法，线迹为斜形，见图1-4。多用在贴边、下摆处起辅助定型的效果。

斜绗缝视频

图1-4　斜绗缝

### 5.抽缝

用针尖缝出极小针距的手缝针法，一般只有0.2cm，必要时可缝平行两根，多用于抽褶、抽袖山，见图1-5。

服装基础工艺

抽缝视频

图1-5　抽缝

## 6. 星点缝

　　星点缝，是一种将多层织物用细小点状线迹固定住的针法。用于止口无缉线的毛呢服装衣身、挂面、衬料三者的固定，见图1-6。在缝物表层、底层所露线迹均很小，排列均匀。

星点缝视频

图1-6　星点缝

## 7. 缲缝

　　缲缝的针法有三种，见图1-7，竖向缲缝和两种水平缲缝，皆用于折边固定。竖向缲缝是在折边的边缘挑1~2根面料的纱进行固定。水平缲缝分两种：第一种常用于柔软的真丝面料、里料等，将面料与折边用斜式针迹固定；第二种用于锁边后，将锁边边沿翻折后用斜向针迹缲缝。

竖向缲缝

竖向缲缝视频

水平缲缝 1

水平缲缝 1 视频

水平缲缝 2

水平缲缝 2 视频

图 1-7  缲缝

服装基础工艺

### 8. 人字缲缝

人字缲缝又称三角针，见图1-8。针法为内外交叉、自左向右回针缝，要求正面不露针迹，缝线不宜过紧。常用于衣服贴边处的缝合。

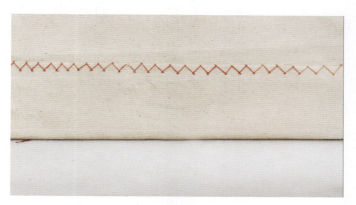

人字缲缝视频

图1-8　人字缲缝

### 9. 卷纤缝

多用于驳头与领的翻折线处，见图1-9，起临时固定的作用，线不要过紧。

卷纤缝视频

图1-9　卷纤缝

### 10. 拉线袢

拉线袢的操作方法分为套、钩、拉、放、收五个步骤，见图1-10。常用于纽襻及连接里料与面料。

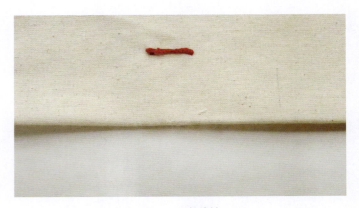

拉线袢视频

图1-10　拉线袢

## 11. 钉扣子

钉扣子时，底线要放出适当松量，作缠绕纽脚用，线脚的高度要根据衣料的厚薄来决定，见图1-11。钉缝装饰纽扣时线要拉紧钉牢。

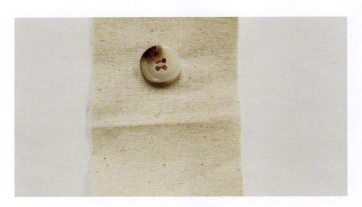

钉扣子视频

图1-11　钉扣子

服装基础工艺

# 第四节　基础工艺常用工具

## 一、测量工具

卷尺（皮尺）：单面或两面均标有尺寸的带状测量工具，分有外壳与无外壳二种，长度为150cm，质地柔软，常用于人体部位尺寸测量以及制图、裁剪时的曲线测量，有外壳的卷尺还用于立裁时人台标定，见图1-12。

图1-12　卷尺

## 二、制图工具

常见制图工具见图1-13。

① 方眼定规尺：也称放码尺，尺面上有纵横向间距0.5cm的平行线，用于制图、测量以及加放缝份。尺身以红绿刻度相区分，对比感强烈，质地为透明塑料，读取时方便易看。刻度精确、耐磨，是服装专业立裁、打版的必备工具。规格有5cm×30cm、5cm×50cm两种。

② 直尺：用于制图和测量的尺子。质地为木质、塑料或不锈钢，长度有15cm、30cm、60cm、100cm等。

③ L型角尺：L型等边或不等边公英制对照直角尺，用于绘制垂直相交线段。外侧是英制8进及16进，内侧是公制厘米及毫米格，内置刻度经久耐用

④ 大弯尺：也称大刀尺，两侧呈弧形状的尺子，质地为透明塑料。用于绘制裙、裤装侧缝、下裆弧线、袖侧缝等长弧线。

⑤ 逗号曲线尺：又称6字尺，用于绘制曲率大的弧线尺子，常用于袖窿、领口、上裆弧线等深挖曲线的绘制，质地为透明塑料。刻度清晰、耐磨，也可用于曲线测量。

⑥ 比例尺：用于绘制缩小比例的结构图的角尺，尺子内部有多种弧线形状，质地为透明塑料。常有1：4或1：5两种规格

⑦ 比例直尺：用于绘制或测量缩小比例的结构图的直尺，尺面上有1：4和1：5两种刻度，质地为透明软塑料，易弯曲。

⑧ 自由曲线尺：尺身质地柔软性极强，可任意弯曲。常用于测量、描绘曲线部位。规格有

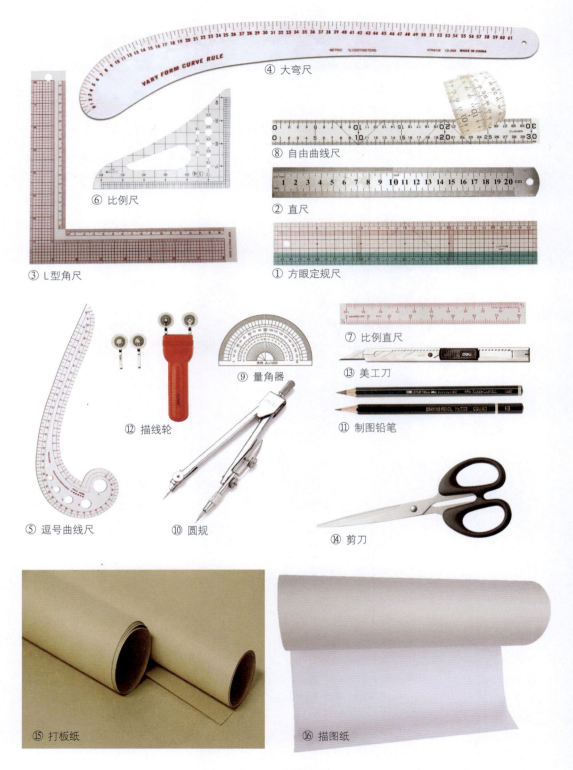

④ 大弯尺

⑧ 自由曲线尺

② 直尺

⑥ 比例尺

③ L型角尺

① 方眼定规尺

⑦ 比例直尺

⑨ 量角器

⑬ 美工刀

⑫ 描线轮

⑪ 制图铅笔

⑤ 逗号曲线尺

⑩ 圆规

⑭ 剪刀

⑮ 打板纸

⑯ 描图纸

图1-13　制图工具

服装基础工艺

3cm×30cm、3cm×50cm两种。

⑨ 量角器：用来绘制角度线以及测量角度的工具。

⑩ 圆规：用于绘制圆或圆弧的工具。

⑪ 制图铅笔：自动铅笔或者木质铅笔。1:1制图时，基础线常选用H或HB型铅笔，轮廓线选用HB或B型铅笔；缩小比例制图时基础线常选用2H或H型铅笔，轮廓线选用H或HB型铅笔。

⑫ 描线轮：也称为滚齿轮，用作在样板和面料上做标记、拓样的工具，齿轮分尖形（尖形压轮走线相对较密）和圆形（圆形压轮走线平缓相对间距较大）两种，滚齿轮有单头和双头两种。双头压轮的特点就是可同时在板纸与面料之间走线，简单方便。双头压轮可以在10~30mm之间进行以5mm为单位的调节，也可以只放一个头当单压轮使用。

⑬ 美工刀：裁剪样板时使用。

⑭ 剪刀：裁剪样板时使用。

⑮ 打板纸：制作样板使用的牛皮纸或者白纸。

⑯ 描图纸：也称为硫酸纸，为半透明纸，用于样板之间或样板与布料之间拓样。

## 三、记号工具

① 水消笔／气消笔

用于在布料上做标记、画线等，经过处理后标记痕迹可以消失。水消笔颜色剂为水溶性，喷水后可立刻消失；也可以在一定时间过后自然消失；或如果想要立刻消除痕迹，也可使用专用去色笔。三种消失方法根据情况选用，非常方便。下图为不同颜色和粗细的水消笔／气消笔，根据需求自行选用，见图1-14。

图1-14　水消笔／气消笔

② 画粉笔

用于在布料上画线，线条较细且均匀，画粉不与皮肤直接接触，不用担心弄脏手。粉质用完可用替换装加入，根据不同面料颜色有多色可选，见图1-15。

图1-15　画粉笔

③ 复写纸

用来将纸型拷贝到布料上，作品缝制完成后留在布料上的记号可水消。根据不同需求有多色可选，亦有单面或双面区别，见图1-16。

图1-16　复写纸

④ 铁笔

复写纸搭配专用铁笔来转印刺绣或贴布绣等细致的图案，铁笔一头细，另一头粗，以满足不同图案需求，见图1-17。

图1-17　铁笔

⑤ 锥子

锥子是由尖头和针柄组成用来钻孔的工具，在样板内部标记定位点、工艺点的工具；也可用来辅助挑线、拆线、钩挑领尖和衣摆角等，缝纫时可用来推送布料；在布料上打圆孔，以便装入圆形金属扣圈，或打一个圆形扣眼，见图1-18，具体型号见图1-24。

图1-18　锥子

⑥ 刀眼钳

在样板边缘标记对位记号的工具，见图1-19。

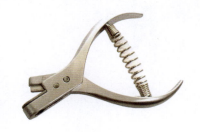

图1-19　刀眼钳

服装基础工艺

## 四、裁剪工具

① 裁剪工作台

裁剪、缝纫用的工作台。一般高80 ~ 85cm，长为130 ~ 150cm，宽为75 ~ 80cm，台面应平整，见图1-20。

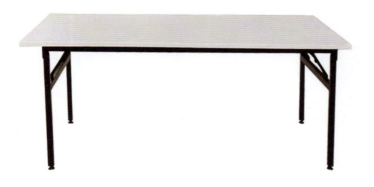

图1-20　裁剪工作台

② 裁剪剪刀

用于裁剪布料的工具。长度有8、9、10、11、12英寸等规格，特点是刀身长、刀柄短、捏手舒服，见图1-21（a）；还有左撇子专用裁剪剪刀，见图1-21（b），以及不同规格的厚料剪刀，见图1-21（c）。

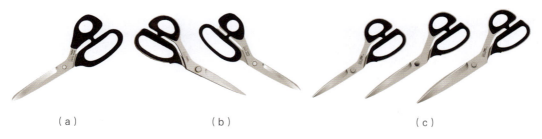

（a）　　　　　　　　　（b）　　　　　　　　　（c）

图1-21　裁剪剪刀

③ 锯齿剪刀

刀口呈锯齿形的剪刀，可将布料剪成三角形花边效果，常用于裁剪面料小样，见图1-22。

图1-22　锯齿剪刀

# 五、手针工具

## 1.手缝针和穿针器

手缝针顶端尖锐，尾端有小孔，可穿入缝线进行手工缝制。手缝针有各种各样（见表1-1），手针按长短粗细分型号，适合各种布料和作品。手边应该备有各种型号的针，可以随时根据手缝需求使用合适的针。有了特制穿针器，将线穿过针眼会特别容易。

表1-1　手缝针和穿针器

| | |
|---|---|
| **手缝长针**<br>用途广泛的手工缝纫用针，有细小的圆形针眼。型号从 1~12 号不等。手缝时多用 6~9 号针。 | |
| **长眼绣花针**<br>也叫绣花针，椭圆形的针眼和细长的针身，特别适合多股的绣花线。 | |
| **假缝针**<br>细小圆形针眼的细长针。因其不易损坏布料，特别适合手缝和假缝。最常用的为8号和9号针。 | |
| **密缝针或绗缝针**<br>和假缝针相似，有细小的圆形针眼，但针身很短。特别适合精细缝纫，很受绗缝者的喜爱。 | |
| **穿珠针**<br>针身细长，用于将小珠和亮片缝到布料上。易弯曲，不用时请用棉纸包裹保存。 | |
| **织补针**<br>长而粗的针，多使用羊毛线或粗纱线，可缝合多层布料。 | |
| **织锦针**<br>长度中等。针身较粗的钝头长眼针。可使用毛纱制作织锦，也用包缝线进行织补。 | |
| **大眼针**<br>和织锦针相似，但针头是尖的。可使用粗纱线或羊毛纱线进行织补或密集刺绣。 | |
| **粗长针**<br>外形奇怪的钝头针，针眼巨大。用来穿松紧带或细绳。有针眼更大的，适合更粗的纱线。 | |
| **兔刃针**<br>一种双眼针。将线放置在针眼处上方，线通过两个针眼之间的空隙卡进下方的针眼完成穿线。 | |
| **手持穿针器**<br>即使很细的针，也能很轻易的完成穿线。 | **台式两用穿针器**<br>无需对针眼的位置，即使很细的针也能轻松完成穿线工作，另外具有切割功能，使穿线、切线操作一步完成。 |

服装基础工艺

## 2. 顶针

顶针又名针箍，用于手工缝纫过程中将其套在手指上保护手指，缝制时顶住针尾使手指更容易发力，并使针顺利穿透布料。根据用途或面料不同可以选择不同部位佩戴顶针。图1-23中（34-201）型号为半圆顶针，半圆的开口形状可根据需要调整大小，操作方便；（34-301）型号为圆盘顶针，造型独特，将顶针置于手掌佩戴时，可防止长针对手掌的伤害，方便用力。指环处为开口设计，可根据需要调节大小。

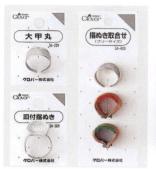

图1-23 （顶针34-201、301、600、圆盘顶针示范图）

## 3. 锥子和镊子

锥子是一种锋利的工具，可在布料上打圆孔，以便装入圆形金属扣圈，或打一个圆形扣眼，图1-24中21-231、121、233型号为塑柄、木柄等锥子，人性化手柄，方便拿握，长度有细微区别；21-131型号为圆头锥子，不伤布料，是拼接布料，布料扎孔、翻角好帮手；21-241型号为弯头锥子，方便机缝拼接，细节处理。

镊子是缝纫和包缝时不可或缺的工具，有平头和尖头之分，平头镊子可以用来拔除布料中的线头或取出缠入机器中的线，尖头镊子细长可以辅助穿针或翻角。图1-24中22-001、003、011型号为拔线用镊子，根据需求有大小号可选，22-011型号为斜口设计，细小线头轻松拔出；57-878型号为拼布白玉压线用镊子，镊子前端具有一定的角度且细长，便于细微部的处理。

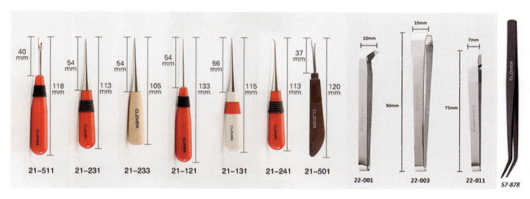

图1-24 锥子和镊子

## 4. 固定针

固定针有大头针、珠针、针插、别针和夹子等，有各种不同长度和粗细的珠针可供选择（见表1-2）。珠针顶部可以朴实无华，也可以装饰有色彩明艳的小珠和花朵。针插适用于各种工作用，大头针、珠针随意插取，方便归纳整理。

表 1-2　珠针、针插、别针和夹子

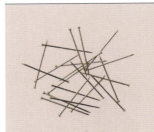

**家用珠针**
常用的中等长度和粗细的珠针。可用于各种缝纫活计。

**绗缝珠针**
中等粗细的珠针，用于固定多层布料。

**小珠珠针**
比家用的珠针要长，顶部有彩色的小珠，便于拿放和使用及示教。

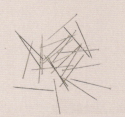

**蕾丝或纱料珠针**
纤细短小的珠针，不会损坏布料，可用于蕾丝等精致布料。

**花型珠针**
中等粗细的长珠针，顶部有平面的花朵造型，可紧贴布料，方便缝纫机过针缝纫后再取针。针头部位不耐热，避免靠近熨斗。

**超细珠针**
纤细的超长珠针，使用方便，且不会损坏布料。

**耐热珠针**
珠针整体耐热，多色便于区分，结实耐用，针尖细长。适用于缝纫、拼布、布艺 DIY。

**针插**
最好选择表面为布料的针插，泡沫针插可能会使针头变钝。

**超长珠针**
针体粗且长，针头较大，插拔更方便。更适合绗缝带棉的作品使用。

**U 型针**
一种外形像大号订书针的固定别针，用来将覆盖物固定到家具上。十分锋利，小心使用。

**安全别针**
由黄铜或不锈钢制成，有各种型号可选择。用来固定两层以上布料。

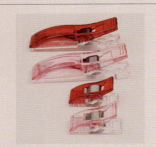

**固定用夹子**
用于壁饰作品或服装包边条固定、布料的固定等，夹力强劲，缝纫整理极为方便，是缝纫者的最爱。

服装基础工艺

### 5.手缝线

手缝时所使用的线，较车缝线粗且硬，不易打结，见图1-25。

图1-25　手缝线

## 六、熨烫工具

### 1.电熨斗

电熨斗是熨烫的主要工具，用来熨烫织物，烫平褶皱，定型布料等。可分为普通电熨斗、调温电熨斗和蒸汽电熨斗。常用的普通电熨斗和调温电熨斗有300W、500W和700W三种功率。蒸汽电熨斗的功率一般不低于1000W。熨烫零部件用300W和500W的电熨斗比较适宜，使用时轻便灵活。700W的电熨斗一般用于成品整烫和呢料织物熨烫，它面积大、压力大，可提高工作效率。总之，使用电熨斗的功率大小，应根据布料的耐热性来调节熨烫温度，以免烫缩或烫焦，见图1-26。迷你小熨斗约手掌大小，方便携带更适合小物件作业。

迷你蒸汽小熨斗

家用蒸汽熨斗

工业吊瓶蒸汽熨斗

图1-26　电熨斗

### 2.熨烫板

熨烫板配合熨斗使用熨烫织物，熨烫拼布小物时选择比较小的烫板，可以置于桌上方便不占地，见图1-27。

图1-27　熨烫板

# 第2章
## 缝纫机认知和操作

# 第一节　工业缝纫机

工业缝纫机（以下简称"工缝机"）是所有缝制设备中最常用的机器，对初学者来说如何正确地使用工缝机是学习服装制作的第一步。

在正式使用缝纫机之前，需要做好以下几件准备工作：装针、装压脚；绕底线及把底线放入梭床之中；穿面线；通过面线把底线吊引上来，然后把面线和底线的线头同时放在压脚的缺口后面，即可开始缝纫操作。以下内容主要针对JUKI DDL-900C型号的工业缝纫机进行说明。

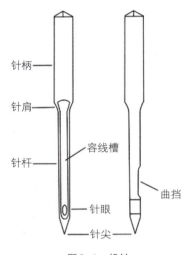

图2-1　机针

## 一、机针的安装

### 1. 机针

机针是缝纫机的重要组成附件，主要由针尖、针眼、针杆、针肩与针柄构成，见图2-1。常用针号来代表机针规格，表示机针针身直径大小，其号数越大，针就越粗；常以百分之一毫米作为基本单位来度量机针针身直径。机针规格选用由缝纫线规格和缝制面料的材料性质来决定，见表2-1。

表2-1　针、线与面料的配伍关系

| 机针（号） | 缝纫线（支） | 面料 |
| --- | --- | --- |
| 7 ~ 8 | 100 | 极薄织物：尼龙丝绸 |
| 9 ~ 10 | 80 | 薄织物：尼丝纺、乔其纱、巴里纱、双绉等 |
| 11 ~ 12 | 60 | 普通织物：平纹布、薄毛织物、麻、织锦缎等 |
| 13 ~ 14 | 40 ~ 50 | 中厚织物：卡其、中厚毛织物等 |
| 16 | 30 ~ 40 | 牛仔布、防水布等 |
| 18 | 20 ~ 30 | 塑料布、窗帘布、沙发布等 |
| 19 | 10 ~ 20 | 皮靴、帆布等 |
| 20 ~ 21 | 10 | 皮靴、帐篷等 |

## 2. 安装机针

机针安装步骤如图2-2、图2-3所示：

1）转动缝纫机上的飞轮，把针杆升到最高处；

2）左手持一字螺丝刀，右手轻轻扶住螺丝刀头部，拧松机针固定螺丝②，见图2-2；

3）左手拇指和食指捏机针，将左手中的针尾插入针棒中；

4）转动机针，把机针①凹部A横向转到B的方向，同时长孔C面向正左面，见图2-2；

5）左手将机针往上插到针杆孔的深处，见图2-3（a）；

6）右手持一字螺丝刀，左手轻轻扶住螺丝刀头部，拧紧机针固定螺丝②，见图2-3（b）；

7）确认针的长孔C在左横向D的方向，见图2-2。

根据使用的缝纫机线的粗细以及布料的种类，选择使用适当的缝纫机机针。针安装的方式不正确，会导致断线、断针、跳针的现象。

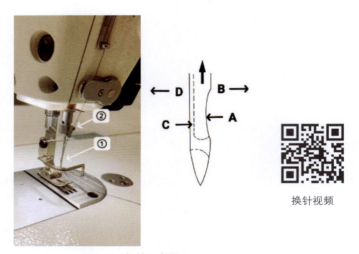

换针视频

图2-2　机针示意图

（a）装针

（b）固定螺丝

图2-3　机针安装过程示意图

## 二、压脚的安装

### 1.压脚的分类

压脚的分类如图2-4所示。

1）平车压脚，是最常见的压脚之一，它适用于大多数的缝纫操作。

2）窄边压脚，主要可以缝制西裤拉链等较窄小的部位。

3）单边压脚，主要可以缝制高低缝的止口、隐形拉链等。

4）高低压脚（止口压脚），主要用于缝制高低缝的止口，有缝左专用、右专用、左右专用三种。

5）卷边压脚，主要用于卷弧形下摆，有0.3cm、0.5cm、0.8cm等几种规格。

6）隐形拉链压脚，一般仅用于缝制隐形拉链。

7）塑料压脚，主要用于皮质服装的缝制。

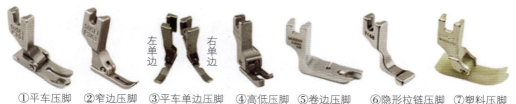

①平车压脚　②窄边压脚　③平车单边压脚　④高低压脚　⑤卷边压脚　⑥隐形拉链压脚　⑦塑料压脚

图2-4　压脚的分类

（a）拧松螺钉

（b）取下压脚

压脚视频

（c）压脚板销对着压脚柄槽

（d）拧紧螺钉固定压脚

图2-5　压脚安装

### 2.压脚的安装（以更换单边压脚为例）

1）右手向前旋转飞轮，把针抬到最高处；

2）右手抬起后面压脚支架上的扳手，升起压脚；

3）左手用螺丝刀拧松螺钉，压脚松下，如图2-5（a）、图2-5（b）所示；

4）取下后，将新压脚装上，使压脚板销正好对着压脚柄槽，放下压脚扳手，拧上螺钉，固定压脚，如图2-5（c）、图2-5（d）所示。

### 3.压脚张力的调节

调节压脚张力步骤如图2-6所示：

1）首先拧松螺母②；

2）当把压脚调节弹簧①向右A方向转时，压力变强；反之向左B方向转时，压力变弱；

3）调节后，拧紧螺母②。

压脚调整螺丝高度的标准值是25~29mm。

### 4.压脚的升降

压脚升降方式如图2-7所示：

1）向上扳动拨杆，压脚上升；

2）向下扳动拨杆，压脚下降。

## 三、底线的安装和调节

### 1.梭芯绕线

梭芯绕线，即倒底线，先把压脚扳手往上抬起，确保压脚抬起（如图2-8所示），再进行梭芯绕线。

梭芯绕线步骤如图2-9所示：

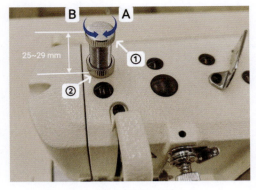

图2-6　压脚张力调节

（a）向上扳动　　　（b）向下扳动

图2-7　压脚升降

图2-8　抬起压脚

图2-9　梭芯绕线

绕底线视频

服装基础工艺

1）把梭芯推到卷线轴①的最里面；

2）把线架右侧的卷线如图2-9所示穿线，并把线端向右缠绕数圈；

3）把卷线杆②推到A方向，转动缝纫机。梭芯向C方向转动（面向读者是顺时针方向），线卷绕到梭芯上。卷线结束后卷线轴①自动停止；

4）取下梭芯，用切线保持板③切断机线；

5）调整底线卷线量时，请拧松固定螺丝④，把卷线杆②移向A方向或B方向，然后再拧紧固定螺丝④。

A方向：变少；

B方向：变多。

底线出现不能均匀地卷绕到梭芯时，拧松螺丝⑤，调整线张力盘⑥的高度。具体按以下步骤进行调整如图2-10所示：

1）梭芯的中心和线张力盘⑥的中心高度一样时为标准位置。

2）梭芯下部卷绕得多时，请把线张力盘⑥的位置向D方向调整，而梭芯上部卷绕得多时，请把线张力盘⑥的位置向E方向调整。

3）调整底线卷绕张力时，请转动线张力螺母⑦进行调整。

## 2. 旋梭的放入方法

选用带有垫片的梭壳，如图2-11（a）所示，梭芯装入梭壳步骤如图2-11、图2-12、图2-13所示：

1）梭芯装入梭壳，见图2-11（b）；

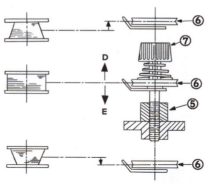

图2-10　线张力盘调整

（a）梭壳

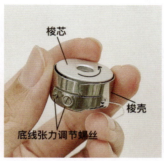

（b）梭芯+梭壳

（c）绕线示意图

图2-11　梭芯/梭壳

2）把线穿过梭壳的穿线口A，然后把线往C方向拉，从线张力弹簧下面的穿线口B拉出来，拉出线头10cm左右，见图2-11（c）；

3）拉底线，确认梭芯是否按箭头方向转动；

4）底线张力由弹片控制，拉住线头，底梭能匀速下落表明张力适中；若下落过快或过慢，适当微调螺丝改变张力，注意避免大动作拧螺丝；

5）最后，将梭芯梭壳装入缝纫机梭壳（图2-12）中，安装时要将针杆上升到最高位置，用左手食指和拇指夹住梭门，对准摆梭中心装入，使梭柄向上嵌进梭床缺口，并听到"啪"的一响，表示梭门关上，即成，见图2-13。

安装梭芯梭壳视频

图2-12　缝纫机梭壳　　　　图2-13　梭芯梭壳装入缝纫机梭壳

## 四、面线的安装和调节

### 1. 面线的穿线方法

穿面线的顺序：先把纱团套在机臂插线钉上，拉长线头，穿过线圈向下拉，从夹线板下面绕过；再向上在拦线板处拉出，穿过挑线簧；再向上拉，穿过挑线杆；然后放入面板与机头的空隙内，穿过针夹线勾处，把线头自左向右地穿过针孔，拉出线头长约10cm作为吊引底线之用，如图2-14所示。

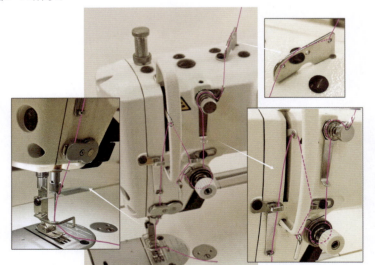 

穿面线视频

图2-14　JUKI DDL-900CSM/CSH面线穿线示意图

服装基础工艺

## 2.面线的调节方法

当面线过紧时，面线拉扯底线，从面料的正面可以看到底线，从而导致线迹效果不佳，甚至出现线条断裂、面线起皱等问题，如图2-15（a）所示。

在上述情况下，可以通过以下方法进行调节：

1）调整线张力器

上线张力的调整：把第一线张力器螺母1向B方向转动，反之，当面线过松时向A方向转动；把第二线张力器螺母2向D方向转动，上线张力变弱，反之，当面线过松时向C方向转动，使上线张力变强。上线张力调整的方法方便快捷，如图2-15（b）所示。

当面线过紧时，也可以通过调整在线张力螺丝将底线张力调大：取出梭芯梭壳，把梭壳上的底线张力螺丝3向E方向转动，使底线张力变强，反之，当向F方向转动时，底线张力变弱，如图2-15（b）所示。

2）调整底线张力

面线过紧也可能是底线过松导致的，此时可以通过调整底线张力螺丝将底线张力调大：取出梭芯梭壳，把梭壳上的底线张力螺丝3向E方向转动，使底线张力变强，反之，当向F方向转动时，底线张力变弱，如图2-15（c）所示。

（a）面线过紧

（b）调整线张力器

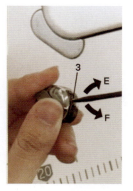

（c）调整底线张力螺丝

底线张力调节视频

图2-15　面线的调节

## 五、工缝机的操作

### 1. 坐姿

用工缝机进行缝制时要注意坐的姿势，坐姿不正确则很难保证缝制的质量，坐姿要从开始缝制起注意，否则长期不正确的姿势会对人体的骨骼和肌肉造成伤害，加大操作者的工作疲劳度，坐姿示意如图2-16所示：

1）调节座椅高度使之与身高相符；
2）身体的中心与机针一致；
3）机台与身体之间有两个拳头的距离。

### 2. 脚部动作

双脚放在缝纫机踏板上，右脚在前，露出脚尖；左脚在后，露出脚跟，如图2-17所示。

### 3. 膝盖动作

右腿膝盖靠近压脚连杆圆垫，如图2-18所示。
遵守以上原则结合手、脚、膝盖的运动，接下来可以进行缝制动作的练习。

### 4. 缝纫机的开机

用手轻按电源开关"1"，使电源处于ON，如图2-19所示。
向"I"标记侧按压电源开关"1"之后，电源变成ON状态。
向"○"标记侧按压电源开关"1"之后，电源变成OFF状态。

（a）正面

（b）侧面

图2-16 坐姿示意图

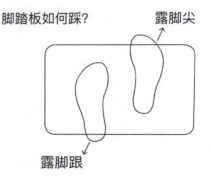

图2-18 膝盖的动作

脚踏板如何踩？

露脚尖

露脚跟

图2-17 脚在踏板上的位置

服装基础工艺

注意事项：

1）请不要敲击电源开关。

2）打开电源开关"1"之后，操作盘的电源显示LED不亮灯时，请立即关闭电源，确认电源的电压是否有问题。此外，关闭此时的电源开关"1"，并在电源开关"1"OFF之后超过5分钟以后再打开。

3）电源处于ON之后，有时会由于存储开关的设定，针棒自动运行，因此请勿将手部或物品放置于针下方。

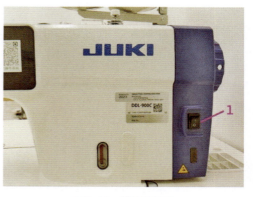

图2-19　缝纫机开机

## 5. 缝纫机的运行

缝纫者脚跟踩下踏板，针棒和压脚上升电机会进行初始工作，可以进行缝纫，踏板主要有4级操作（图2-20），分别如下：

1）低速缝纫：向前轻轻踩踏板；

2）高速缝纫：再继续往前踩踏板；

3）轻轻踩踏板然后返回，缝纫机停止；

4）向后踩踏板为切线动作。

缝制视频

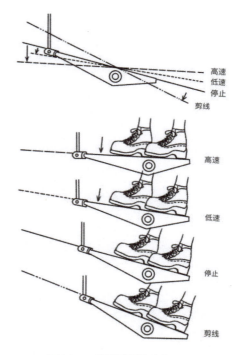

图2-20　脚踏踏板的动作

# 第二节　多功能数字缝纫设备

## 1.多功能数字缝纫机

多功能数字缝纫机是快速实现服装结构成衣化检验的数字化工艺装备之一，能够胜任服装缝制和拼布及家装等常用缝纫工作。目前大多数多功能缝纫机都有先进的电脑控制系统，缝纫质量更高，使用更便捷，图2-21为真善美6030型号的多功能数字缝纫机，通过视频可以了解其基本功能，关于6030型号多功能数字缝纫机穿线和绕底线及装底线方法请见图2-22视频，图2-23是关于机针安装的方法视频，图2-24是关于缝纫机压脚更换和线迹选择及线张力调节方法视频。

图2-21　6030多功能数字缝纫机

图2-22　6030多功能数字缝纫机穿线和绕底线及装底线

基本功能视频

绕底线穿线视频

图2-23　6030多功能数字缝纫机机针安装

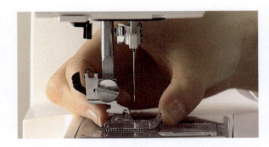

图2-24　6030多功能数字缝纫机压脚更换和线迹选择及张力调节

机针安装视频

缝纫机压脚更换、线张力调节、选线迹等视频

服装基础工艺

多功能缝纫机可通过选配不同功能压脚完成各种功能任务，并使缝纫过程更加轻松、简单，表2-2是多功能缝纫机的各种相关压脚功能说明及使用方法，请配合视频学习了解。

表2-2　多功能缝纫机各种相关压脚及使用（附视频）

| | | |
|---|---|---|
|  |  | 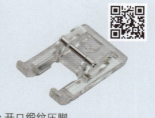 |
| a 拉链压脚<br>可装在机针的左侧或右侧，使机器能够贴近拉链缝纫。 | b 隐形拉链压脚<br>缝纫隐形拉链专用压脚，自动打开拉链齿，方便机器在其后进行缝纫。 | c 开口缎纹压脚<br>透明的压脚底部有凹槽，缝纫密实线迹时压脚是压在布料上，不是压在线迹上。开口的设计查看更清楚。 |
|  |  |  |
| d 直线压脚<br>如果你想缝纫直线线迹，用直线压脚效果会更好，特别是薄面料。 | e 中心导板压脚<br>两块布料对着中心黑色导板缝纫，保证布料不会走歪。 | f 贴布绣压脚<br>压脚较短，缝纫贴布绣等转弯灵活。全透明更方便查看线迹。 |
|  |  |  |
| g 珠带压脚<br>缝纫珠带是一件困难的工作，但是有了珠带压脚就容易多了。 | h 扁带压脚<br>可以很方便地将扁带缝在布料上。扁带通过压脚上的导槽，直线或者装饰线迹都可以。 | i 绳带压脚<br>可以缝纫1、2或3条绳子，用作装饰性线迹。 |
|  |  |  |
| j 滚边压脚<br>用于装饰边缘，布料中嵌入绳子、电线之类的东西。 | k 塔克压脚<br>配合双针使用，生成多排塔克。压脚下的槽能保证排与排之间间距相等。 | l 钉钮扣压脚<br>压脚压在钮扣上不会打滑，压脚上两个横杆，保证压脚不会前后晃动。缝纫时落下送布牙，使用之字线迹。调节线迹宽度，让机针落在钮扣的孔里。 |

**m 卷边压脚**
卷起布料边缘，需配合直线或之字线迹使用。有三种规格，分别卷出2、4、6mm 的边。

**n 细褶压脚**
在薄布料上缝纫后就能生成细褶。

**o 平行压脚**
缝纫平行的多条线迹。

**p 扣眼压脚**
最大能锁出 2.5cm 的扣眼。把纽扣放在压脚后面，自动控制扣眼尺寸。

**q 包边压脚**
对布料边缘进行包边，包边宽度可调节。

**r 可变换同步压脚**
上下齿夹住布料共同送料。绗缝、缝纫厚料等都很轻松。

**s 穗条压脚**
缝纫特殊的装饰线迹。

**t 小圆花附件**
用之字线迹或三针之字线迹缝纫出各种你想不到的小圆花。

**u 圆规附件**
将直线、之字线迹、装饰性线迹缝纫出一个圆形效果。

**v 绗缝压脚**
用于各种布料的自由绗缝，压脚会随着机针上下一起运动。

**w 打褶压脚**
用直线线迹缝纫过后就生成褶，褶的大小和间距可以调节。

**x 缎带附件**
用来精确地在缎带中央缝纫，引导槽大小可以调节，以适应不同宽度的缎带。

## 2. 锁边机

　　锁边机和缝纫机配合使用，能够制作出漂亮的作品。锁边机主要用于锁住布料的边缘，也能用于缝制有弹性的针织衣物，见图2-25（附视频）。

　　锁边机能将布料的毛边缠绕加固，防止散边。三线锁边主要用于修整布边，有宽窄可选；安全四线锁边多一道缝线，不仅可用于修整布边，也可用于加固缝合多层布料；窄边密拷用于薄布料布边装饰缝，图2-26为锁边线迹。

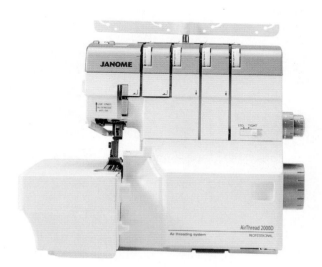

锁边机视频

图2-25　锁边机

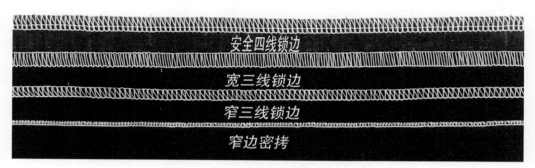

图2-26　锁边线迹

### 3. 绣花机

专门绣花的机器，用来制作美观的服装和家居用品。带电脑控制系统，自带多种刺绣花样，也可根据自己的需求用软件编辑花样后输入机器，见图2-27。

绣花机视频

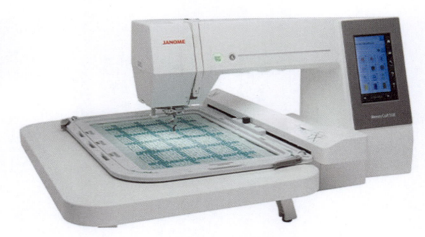

180个内置花样

最大绣花面积20x36cm

内置刺子绣花样

图2-27 绣花机

### 4. 缝纫机机针

多功能缝纫机或绣花机专用，根据面料厚薄选用不同粗细机针，面料越薄选用针越细。根据功能有常用布料的通用针、弹性布料的蓝针和紫针、金属线用红针、牛仔亚麻面料用亚麻针、缝皮革的皮革针和缝明线用的明线针等，具体见表2-3。

服装基础工艺

表2-3　缝纫机机针

| 通用针<br>一般梭织布料用针，常用规格有 8#、9#、10#、11#、12#、14#、16#、18#、19#，号越大针越粗，面料越厚针越粗，同时选择更粗的线。 | |
| --- | --- |
| 弹性针<br>适用于各种布料，特别是弹性布料，可以防止跳针。有蓝针 11# 和紫针 14# 可选。 | |
| 红针<br>可用于绣花、自由压线或金属线缝纫，相对普通针针孔更大，不容易断线，规格为14#。 | |
| 明线针<br>缝纫明线用针，针孔较一般的要大，更适合缝纫粗线装饰线迹。根据需求有 11#、14# 可选。 | |
| 皮革针<br>凿子状的针尖，穿透力更强。适用于皮革、人造革和类似面料。有 14#、16# 规格可选。 | |
| 亚麻针<br>适合于缝纫牛仔、亚麻类厚布料。规格为16#。 | |
| 翼针<br>针杆两边的两"翼"将布料纱线推开，用在织法稀疏的布料上缝纫装饰线迹。 | |
| 双眼针<br>机针上有两个针孔，可同时穿 2 根线缝纫装饰线迹。 | |
| 双针<br>同时穿 2 根线缝纫双排平行线迹，缝纫直线以外的左右摆动的线迹要注意防止机针打到压脚。双针可选择规格较多，根据缝纫布料或线的不同有多种双针可选。 | |
| 左翼双针<br>由一枚翼针和一枚普通针组成，间距2.5mm，同时穿 2 根线缝纫双排平行线迹，缝纫直线以外的左右摆动的线迹要注意防止机针打到压脚。 | |
| 三针<br>同时穿三根线缝纫，仅适用于水平旋梭机器。缝纫直线以外的左右摆动的线迹要注意防止机针打到压脚。选择简单的线迹缝纫，12# 粗细，间距宽度有 2.5mm 和3.0mm 可选。 | |

# 第3章
# 基础缝纫

本章在第2章的基础上，以多功能数字缝纫机为例，从基础线迹缝纫开始，至花色线迹缝纫，然后学习常见缝型制作。

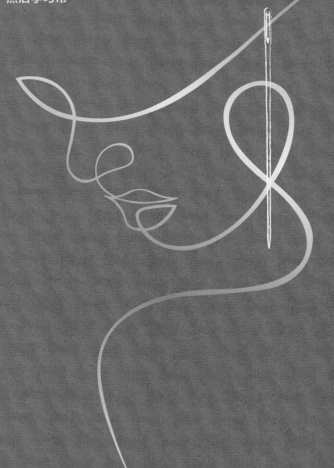

## 1.各种直线缝纫

　　回看图2-24视频，首先学习最基本的直线缝纫方法，即在图2-24多功能数字缝纫机界面上学习01-05按键（图3-1），并操作练习缝制各种直线缝纫，不同直线缝纫效果见图3-2。

## 2.之字线迹缝纫

　　同理，在图2-24多功能数字缝纫机界面上学习06-08按键（图3-3），并操作练习缝制各种之字线迹（图3-4）。

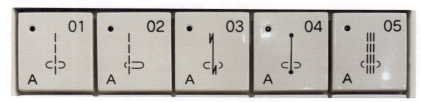

图3-1　各种直线缝纫按键

图3-2　不同直线缝纫效果

图3-3　各种之字线迹缝纫按键

之字缝视频

图3-4　各种之字线迹缝纫效果

## 第二节　花式线迹缝纫

多功能数字缝纫机的优势在于可通过选择机器界面的不同按键并选配不同功能压脚完成各种花式线迹缝纫，请根据图2-24视频，按下所期望的线迹功能键并匹配好相应压脚，轻松完成练习（图3-5）。

图3-5　部分花式线迹缝纫效果

## 第三节　常见缝型工艺

掌握好了线迹缝纫，在正式制作服装之前，必须学习常见缝型制作，即将裁好的衣片进行缝制。这时需要布片与布片拼接，拼接的痕迹就是缝，由于服装的款式不同，面料不同，因而在缝制过程中所采用的拼接方式也不相同，由此形成了缝型。

### 1. 平缝

平缝在各类服装的缝制中应用广泛。缝制时，把两层衣片正面叠合（图3-6a），沿着所留缝边进行缝合，常用缝份为1cm（图3-6b）。当使用普通压脚时要注意手法，上层略向前推送，下层略拉紧，要保持上下层松紧一致，上下缝头宽窄一致。多层布料或厚料时也可选配同步压脚来达到上下层布料同时送布，避免错位，如图3-6c所示。

图3-6a　两层衣片正面叠合

图3-6b　沿所留缝边进行缝合

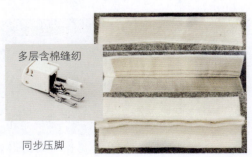

多层含棉缝纫

同步压脚

直线平缝视频　　图3-6c　多层面料借助同步压脚

036　　　　　　　　　　　　　　　　　　　　　服装基础工艺

## 2.边倒缝

平缝后将缝头倒向一边烫平,一般用于夹层或夏季较薄面料,如肩缝,摆缝等,见图3-7。

## 3.分开缝

先将两衣片的正面相对平缝,之后用熨斗将缝头分开的形式(图3-8),常用于衣片的拼接。

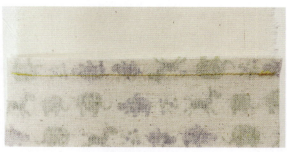

(a)边倒缝反面效果

(b)边倒缝正面效果图

图3-7 边倒缝

(a)将两层布料正面相对平缝

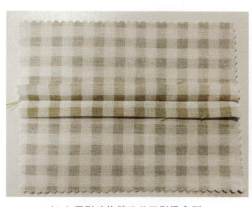

(b)用熨斗将缝头分开熨烫定型

(c)分开缝正面效果

图3-8 分开缝

图3-9 分缉缝正反面效果

## 4.分缉缝

在分开缝的基础上，衣片的正面线缝边缘各缝缉一道0.1cm宽的明线，一般用于厚料衣缝或装饰缝，见图3-9。

## 5.来去缝

来去缝一般用于薄料衬衫的肩部、侧缝、衬裤等部位。具体步骤：先将两衣片反面叠合，平缝0.3cm宽的缝边，将缝头毛丝修齐；再将衣片翻转到正面叠合缉0.5~0.6cm宽的线，见图3-10。

（a）反面叠合

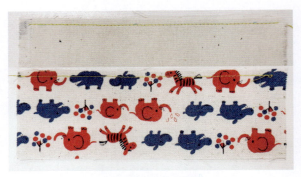

（b）平缝0.3cm缝边

（c）翻转车缝0.5~0.6cm

图3-10 来去缝

服装基础工艺

## 6.搭接缝

将两衣片缝头相搭1cm，正中处缝一道线，一般用于衬布拼接，如图3-11所示。

（a）裁剪衣片，缝份相搭

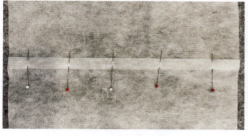 

（b）用大头针固定两层衣片

（c）相搭缝份中间缉缝线迹

图3-11　搭接缝

## 7.滚包缝

裁剪衣片并根据缝型要求放出合适缝份，将两衣片的反面相对，下层衣片反面朝上熨烫折边并包转0.8cm，用大头针固定，边缉0.1cm。这是只需一次缝合，即可将两衣片缝份的毛茬包净的缝型，在折边处缉缝0.1cm明线固定上下层布料，如图3-12所示。适用于薄料衣服的包边，冬季棉袄的底边等。

滚包缝视频

（a）反面相对

（b）熨烫下层折边

（c）固定两层衣片

（d）缉缝0.1cm明线

图3-12　滚包缝

### 8. 外包缝

在滚包缝基础上将两层衣片展开，衣片的正面朝上，缝头倒向一侧正缉0.1cm，外观为双明线（图3-13），适用于男两用衫，夹克等服装作为装饰线。

### 9. 内包缝

内包缝与外包缝相反，将两衣片正面与正面叠合，下层包转0.6cm缝头，缉0.1cm，然后翻身缉0.4cm单止口（图3-14），常用于男两用衫，夹克，休闲装等服装。

### 10. 卷边缝

将布边的毛边向内折光，之后沿边缘缉0.1cm的缝线，普通压脚分步完成的效果（图3-15a）；专用卷边压脚不同卷边宽度一步完成的效果（图3-15b）。常用于上衣，裤子等服装的底边。

（a）展开两层衣片　　　　　　　　　（b）缉缝0.1cm明线

外包缝视频

图3-13　外包缝

（a）两衣片正面叠合　　　　　　　　（b）展开衣片缉0.4cm单止口

内包缝视频

图3-14　内包缝

（a）普通压脚分步完成的卷边缝　　　（b）专用卷边压脚一步完成的不同宽度的卷边缝

卷边缝视频

图3-15　卷边缝

服装基础工艺

## 11.漏落缝

先用分开缝方法将衣片的正面对正面，平缝之后将缝份烫开，将缝好的衣片正面朝上放置于底布上，连同下层底布在衣片正面分缝中间缉线，不露出线迹（图3-16），常用于嵌线开袋和装腰中。

## 12.压条缝

先将压条两侧的缝份（0.8cm）烫折到反面，同时在衣片上标记压条定位线；再将压条的正面与衣片的正面相对平缝，其中一边沿折边平缝，之后将压条的正面朝上，沿着烫折线缉0.1cm的明线，一边暗缝，一边缝明线，或两边都缉明线，见图3-17。常用于装饰缝。

漏落缝视频

（a）正面对叠平缝烫开　　　　　（b）连同底布分缝中间缉线

图3-16　漏落缝

压条视频

（a）压条两侧缝份烫折到反面

（b）两种压条缝效果

图3-17　压条缝

## 13. 夹缝

又称骑缝，它是先将袖克夫或腰面毛边扣光对折，再夹住大身衣片沿光边缉线的缝法，见图3-18，主要用于装袖克夫，装裙和裤腰等。具体操作：先裁剪衣片和包边条（图3-18a），根据实际需求确定包边条的宽度（如果是袖克夫宽度会比较大，如果是袖衩宽度会比较小）。

（a）裁剪衣片和包边条

（b）包边条两侧折边熨烫图

（c）沿折边缉缝0.1cm

图3-18　夹缝

　　　　　　　　　　　　服装基础工艺

# 第4章
## 服装基础部件制作工艺

服装部件制作工艺是服装整体制作的基础,部件制作工艺通常涉及各类口袋制作工艺和拉链制作工艺等,下面将分类阐述。

口袋主要分为贴袋和挖袋（嵌线袋）二大类，贴袋具体涉及衬衣贴袋（圆角、斜角），牛仔贴袋和风琴褶贴袋等；嵌线袋涉及单嵌线袋、双嵌线袋和袋盖双嵌线袋等，见表4-1。

表4-1　各种常见口袋

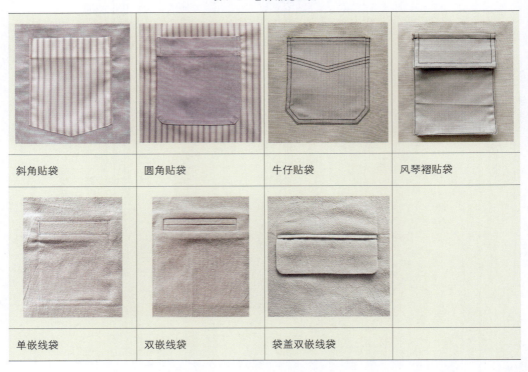

| 斜角贴袋 | 圆角贴袋 | 牛仔贴袋 | 风琴褶贴袋 |
| --- | --- | --- | --- |
| 单嵌线袋 | 双嵌线袋 | 袋盖双嵌线袋 | |

## 一、贴袋

衬衫类贴袋常用薄型纺织面料。

### 1. 斜角衬衫贴袋

斜角衬衫贴袋的制作工艺步骤和方法如表4-2所示。

斜角贴袋制作视频

表4-2　斜角衬衫贴袋制作方法

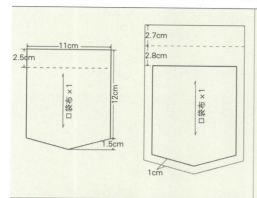

1. 按图示尺寸画好口袋结构图，并对各边放缝份。

2. 裁剪放好缝份的口袋纸样，可用硬卡纸裁剪净样，方便后面熨烫。

3. 沿着纸样外轮廓在布料反面划线，并沿线裁剪袋布。

4. 袋口处折贴边熨烫，先折2.7cm，再折2.8cm，折烫二次后压平。

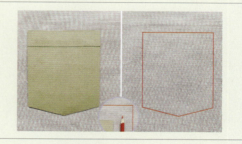

5. 其余三边按口袋净样板扣烫缝份并烫平。

6. 在衣片的指定部位用褪色笔沿净样板画出口袋安装位置。

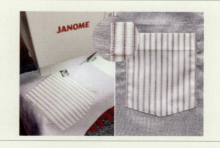

7. 将烫平的袋布放在衣片的指定部位，并用珠针固定住。

8. 为了增强牢度，一般在口袋封口处的衣片反面各放一块小垫布，并缝纫回针加固。

## 2. 圆角衬衫贴袋

圆角衬衫贴袋是在斜角衬衫贴袋的基础上将斜角变成圆角，袋口的折边熨烫改成折边缝纫加固，具体制作工艺步骤和方法见表4-3。

圆角贴袋制作视频

表4-3　圆角衬衫贴袋制作方法

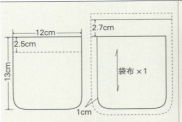

1. 按图示尺寸画好口袋结构图，并对各边放缝份。

2. 裁剪放好缝份的口袋纸样，可用硬卡纸裁剪净样，方便后面熨烫。

3. 沿着纸样外轮廓在布料反面划线，并沿线裁剪袋布。

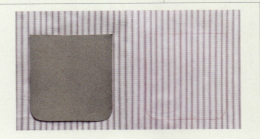

4. 在衣片的指定部位用褪色笔沿净样板画出口袋安装位置。

5. 袋口处折贴边熨烫，先折1cm，再折2.7cm，折烫二次后压平。

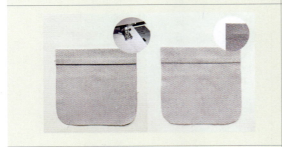

6. 用缝纫机缉距离袋口边2.5cm的明线。

7. 其余三边按口袋净样板扣烫缝份，烫平并修齐缝份。

8. 把烫平的袋布放在衣片的指定部位，并用珠针固定。

9. 在折边沿缉0.1cm的明线。为了增强牢度，在口袋封口处缝纫矩形加固线迹。

### 3. 牛仔贴袋

牛仔贴袋常用在牛仔服中，是在斜角贴袋工艺基础上增加了明线装饰设计，具体制作工艺步骤和方法见表4-4。

表4-4　牛仔贴袋制作方法

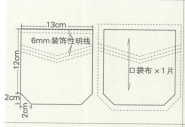

1. 按图示尺寸画好口袋结构图，并对各边放缝份、画好布纹线。

2. 裁剪放好缝份的口袋布纸样，可用硬卡纸裁剪净样，方便后面熨烫。

3. 在衣片的指定部位用褪色笔沿净样板画出口袋安装位置。

4. 沿着纸样外轮廓在布料反面划线，并沿线裁剪下袋布。

5. 用褪色笔在袋布上画出装饰图，并对袋口边锁边。

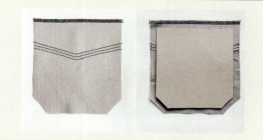

6. 按装饰图案缉装饰线（可用不同颜色缉线）。

7. 按口袋净样板扣烫缝份，烫平，修齐缝头。

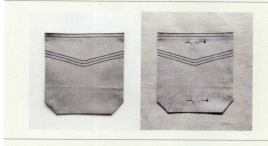

8. 先在袋口缉双明线，然后把烫平的袋布放在衣片的指定部位，并用珠针固定。

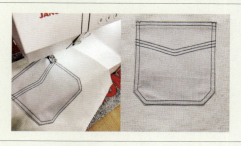

9. 在折边处缉双明线。

## 4.风琴贴袋

风琴贴袋是现代男装夹克、风衣中较流行的一种贴袋。它的外形像手风琴的风箱，具有立体感、容量大的特点，袋口处一般用袋盖盖住，具体制作步骤和方法见表4-5。

风琴贴袋制作视频1　风琴贴袋制作视频2　风琴贴袋制作视频3

表4-5　风琴贴袋制作方法

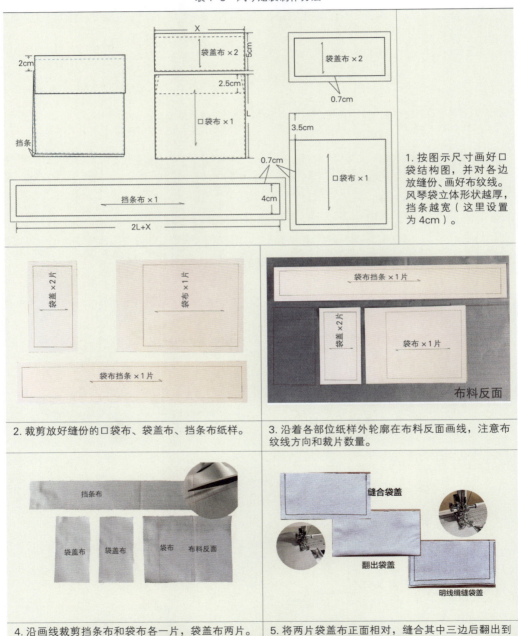

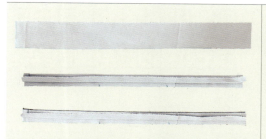

| | |
|---|---|
| 6. 折光袋布挡条两端，然后把袋布挡条正面相叠对折，沿对折中心线边沿缉一道 0.1cm 的止口线。挡条一边折烫缝边，另一边根据口袋尺寸打对位剪口。 | 7. 沿袋口线折烫口袋布，并在折边处缝明线固定。 |

袋布与挡条缝合　　　袋布翻到正面

在袋布边缘缉缝1mm明线

| | |
|---|---|
| 8. 把准备好的袋布挡条正面和袋布正面相叠，沿边缘缉一道缝线，缝头 0.7cm。前面的剪口应正好对齐口袋布直角转折点。 | 9. 将袋布挡条翻到袋布反面，并在袋布正面沿边缘缉一道 0.1cm 的止口线。 |

衣片正面

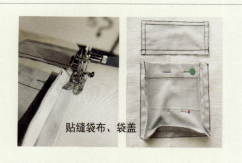

贴缝袋布、袋盖

| | |
|---|---|
| 10. 在衣片的指定部位用褪色笔画出袋盖和口袋安装位，并将袋盖和口袋布用珠针固定在相应的位置。 | 11. 将袋盖和袋布按图示进行缝制固定。 |

| | |
|---|---|
| 12. 在袋口两侧缝纫三角固定线，最后翻下袋盖再缉一道止口线。 | 13. 完成的风琴袋如图所示。 |

## 二、嵌线挖袋

嵌线挖袋有很多种，如单层袋布单嵌线袋、双层袋布单嵌线袋、双层袋布双嵌线袋、有袋盖的单嵌线袋、有袋盖的双嵌线袋和西装上的手巾袋等。

单层袋布单嵌线制作视频1

单层袋布单嵌线制作视频2

单层袋布单嵌线制作视频3

### 1.单层袋布单嵌线挖袋

单层袋布单嵌线挖袋的制作工艺，是嵌线挖袋的基本工艺，在针织服装中常被应用，具体制作工艺步骤和方法如表4-6所示。

表4-6　单层袋布单嵌线制作方法

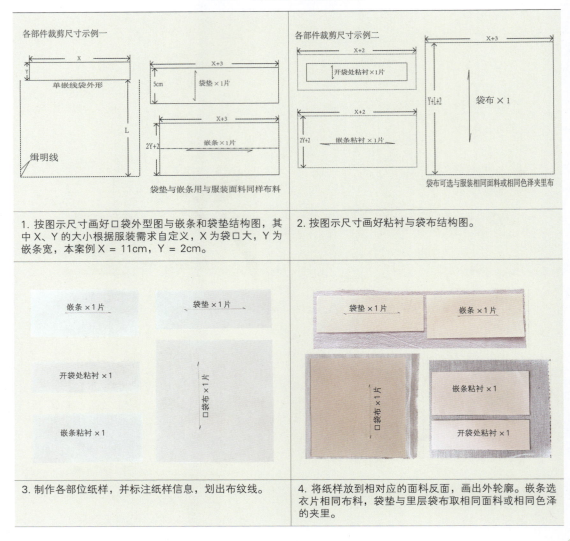

服装基础工艺

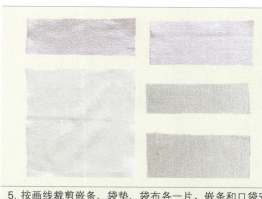

5. 按画线裁剪嵌条、袋垫、袋布各一片，嵌条和口袋安装位置粘衬各一片。对于比较厚的不易变形嵌条面料可以不用粘衬。

6. 将粘衬带胶的一面熨烫在嵌条布料反面（可防止袋口四角发毛），然后对折熨烫。薄型面料采用的粘合衬色泽必须与面料色泽相近似。

7. 袋垫布一边进行锁边，并将它与袋布缝合。

8. 嵌条毛边和袋布四周进行锁边。

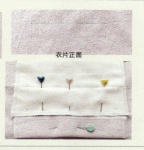

9. 在衣片正面画出口袋安装位置，并在反面粘衬。在衣片正面，将嵌条正面与衣片相叠，袋布正面（即袋垫）与衣片正面相叠，并用珠针固定。

10. 嵌条对折中心线 y 间距缝缉，两端要倒回针。袋布与缉牵条缝线对齐，袋布正面与衣片正面相叠，二层缉合。长度与刚才缉嵌条线相同，两端也要倒回针，缝头间距为 ycm。对厚面料的嵌袋，缉线间距可以 y + 0.1cm。从反面察看，两条缉线应相互平行。

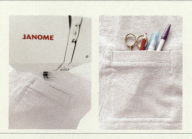

11. 剪袋口是嵌线挖袋的关键，先将袋口对折，从中间剪一个缺口，再剪向两端，袋口两端成 Y 型。剪刀头必须锋利，Y 型端点必须剪至袋口的四角上，但不能剪过头，如果剪过头或剪断缝线端头，都会产生角上发毛的现象。如果剪的位置不够，会产生角上不平整起皱的现象。

12. 翻嵌条、袋布：把嵌条和袋布分别从剪的口子中翻入到衣片的反面。拉平整袋口，把衣片袋口两端点的小三角向衣片反面折转，在袋口的一端拉起衣片，露出小三角，沿袋口端点标记用来回针，把小三角、嵌条和袋布缝在一起封住袋口并烫平整。在衣片正面把衣片和袋布缝合在一起。

## 2.双层袋布双嵌线挖袋

双层袋布双嵌线挖袋的工艺制作方法如表4-7所示。

双嵌线挖袋　双嵌线挖袋　双嵌线挖袋　双嵌线挖袋
制作视频1　　制作视频2　　制作视频3　　制作视频4

表4-7　双层袋布双嵌线挖袋制作方法

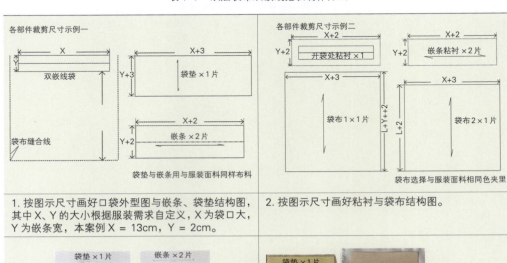

| | |
|---|---|
| 1. 按图示尺寸画好口袋外型图与嵌条、袋垫结构图，其中X、Y的大小根据服装需求自定义，X为袋口大，Y为嵌条宽，本案例X = 13cm，Y = 2cm。 | 2. 按图示尺寸画好粘衬与袋布结构图。 |

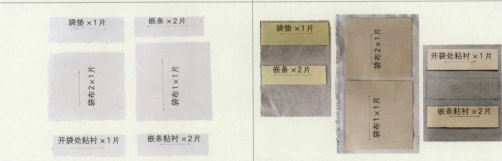

| | |
|---|---|
| 3. 制作各部位纸样，并标注纸样信息，划出布纹线。 | 4. 将纸样放到相对应的面料反面，画出外轮廓并裁剪。嵌条选衣片相同布料，袋垫与袋布取相同面料或相同色泽的夹里。 |

| | |
|---|---|
| 5. 在两条嵌条布反面烫衬，并分别对折熨烫。袋垫布一边进行锁边。对于比较厚的不易变形嵌条面料可以不用粘衬。 | 6. 将其中一条嵌条、袋垫布与里层袋布缉缝，另一嵌条与外层袋布缉缝。 |

7. 在衣片口袋安装位置画出标记线，并在反面粘衬。

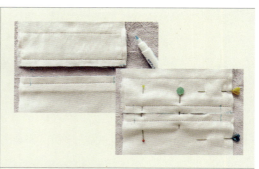

8. 按图示将口袋布有嵌条一面与衣片正面相对，袋口边缘对齐口袋中线，并用褪色笔标记缝纫止口线。

9. 分别在两袋布边缉缝1cm缝线，注意止口线位置。从反面察看，两条缉线应相互等长且平行。

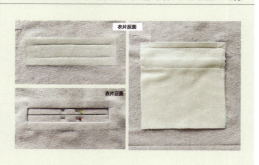

10. 先将袋口对折，从中间剪一个缺口，再剪向两端，袋口两端剪成Y型。把里外层袋布从剪口中翻入到衣片反面。烫平整上下嵌线条，使上下两条嵌线条平行且等宽。

11. 翻起衣片两侧，把两端小三角拉开、烫平整，并缝住小三角。然后把里外两层袋布叠整齐沿着袋布边沿缝住。

12. 对袋布四周进行锁边。

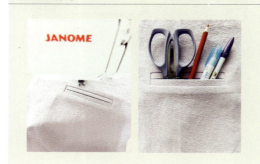

13. 完成的双嵌线袋。

## 3.有袋盖双嵌线挖袋

有袋盖双嵌线挖袋常应用于男女西装中，袋口长X，一般女装13~14cm左右，男装15~16cm左右。袋口宽Y约0.8cm左右，袋盖造型可由款式确定。具体工艺制作方法如表4-8所示。

有袋盖双嵌线挖袋制作视频1　有袋盖双嵌线挖袋制作视频2　有袋盖双嵌线挖袋制作视频3　有袋盖双嵌线挖袋制作视频4　有袋盖双嵌线挖袋制作视频5

表4-8　有袋盖双嵌线挖袋制作方法

| | |
|---|---|
| X=13cm　Y=0.8cm　L=14cm　N=5cm<br>嵌条布×2　5cm<br>袋垫布×1　5cm<br>袋盖表布×1　2cm　1cm | 1. 按图示尺寸画好口袋结构图与嵌条、袋盖表布、袋垫结构图，其中X、Y的大小可以根据服装需求自定义，本案例 X = 14cm，Y = 0.8cm。 |

2. 按图示尺寸画好袋盖里布与袋布结构图。（袋盖里布×1 2cm；里层袋布×1 X+3 L+1；外层袋布×1 X+3 L-1）

3. 按图示尺寸画好各部位粘衬版型图。（袋盖表布粘衬×1；嵌条布粘衬×2 X+3 5cm；开袋处粘衬×1 3cm）

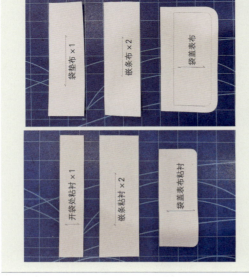

4. 制作各部位纸样，并标注纸样信息，划出布纹线。

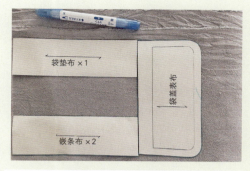

袋垫布×1

袋盖表布

嵌条布×2

袋盖表布粘衬

开袋处粘衬×1

嵌条粘衬×2

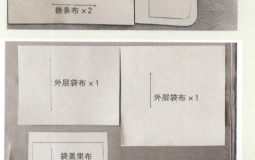

外层袋布×1

外层袋布×1

袋盖里布

5. 将纸样放到相对应的面料反面，画出外轮廓。嵌条、袋垫布和袋盖表布选衣片相同布料，袋盖里布与袋布取相同面料或相同色泽的夹里。注意裁片数量与布纹线方向。

6. 沿轮廓线裁剪各部件

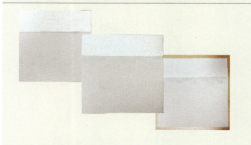

7. 将袋垫布与里层袋布缝合。

8. 在袋盖表布反面粘衬，并将袋盖表布与里布正面相对，沿粘衬边缘缝合（留出袋盖上口不缝）。并在袋盖圆角处打剪口，确保后面翻出的袋盖弧线更圆顺。

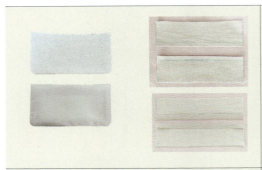

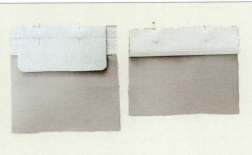

9. 从袋盖上口翻出口袋到正面，并熨烫定型。然后分别对两嵌条粘衬，并折边 0.8cm 熨烫。

10. 将里层袋布与袋盖正面朝上，上口居中对齐叠放，外层袋布与一嵌条正面相对，分别用珠针固定、缝合。

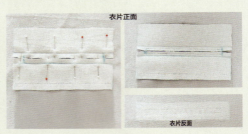

11. 在衣片口袋安装位置正面画出标记线，并在反面粘衬。

12. 将两条嵌条与衣片正面相对，折边翻开对齐并用珠针固定到口袋安装位置。然后分别按口袋标记缉缝上下嵌条，两端点倒回针。

13. 两端按 Y 型剪开袋口，把上下嵌条翻到衣片反面，然后分别烫开缝份。拉出两侧小三角并缉缝回针加固封住三角。

14. 在衣片正面的口袋下口分开缝缉缝直线线迹，使袋口和嵌条固定。因为此缝线正好在拼缝之中，故表面看不出缉线。

15. 把外层袋布上的袋盖从衣片反面的口袋中心线处塞出来，使露出的袋盖宽度等于 N。然后在口袋的上口分开缝中缉缝直线线迹，使袋口，袋盖以及袋布固定在一起。

16. 缝合两层袋布并锁边。

17. 完成的有袋盖双嵌线挖袋

拉链分普通拉链（也称明拉链）和隐形拉链（也称暗藏拉链），其制作工具和方法也各不相同，下面将分别讲述。

## 一、普通拉链缝制方法

### 1. 机器设置

首先根据图4-1进行机器设置准备。然后，根据图4-2安装拉链压脚：将拉链压脚上的横轴卡入压脚座上的凹槽。当缝纫拉链左侧时，将拉链压脚右侧的横轴卡入凹槽；当缝纫拉链右侧时，将拉链压脚左侧的横轴卡入凹槽。

### 2. 材料准备

准备好将要缝制拉链的两衣片（图4-3），并在两衣片边缘反面装拉链的位置烫粘衬（图4-4）（粘衬的长度与拉链基带等长）。衣片开口长度在拉链长度上增加1cm，具体相关信息见图4-5。

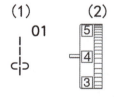
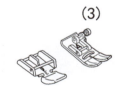

普通拉链视频

（1）线迹：直线01号　　（2）面线张力：3~5　　（3）压脚：之字压脚A 拉链压脚E

图4-1　普通拉链缝制机器设置

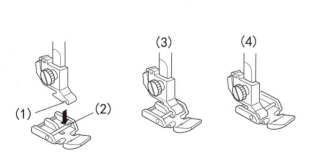

（1）凹槽　（2）横轴　（3）缝纫左侧时　（4）缝纫右侧时

图4-2　普通拉链压脚安装示意图

图4-3　准备缝制的拉链和衣片及压脚

图4-4　衣片反面熨烫粘衬

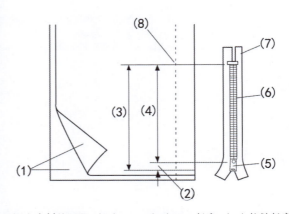

（1）布料的正面　（2）1cm　（3）开口长度　（4）拉链长度
（5）拉链头　（6）拉链齿　（7）拉链基带　（8）开口底端

图4-5　普通拉链缝制布料准备信息示意图

　　然后将两衣片正面相对放置（图4-6），装上A压脚，从开口处缝纫至开口底端，留出2cm的缝份。再将针距调节至5.0，使用疏缝线迹缝纫拉链开口。

　　注意：止口处要倒缝来固定线迹；疏缝时，将面线张力调松至"1"，方便后面拆线。

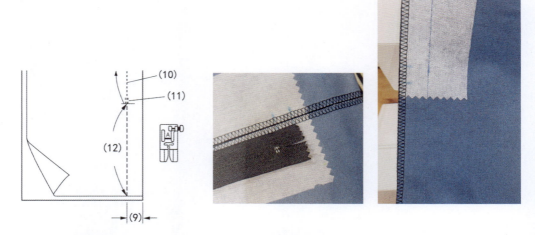

a信息示意说明　　　　　　　b拉链止口位置标记　　　　　c疏缝位置标记

（9）2cm　（10）缝合线迹　（11）倒缝线迹　（12）拉链开口（疏缝）

图4-6　缝前准备与说明

## 3.开始缝纫

　　1）如图4-7所示，向上折起上层缝份；向下折起下层缝份，留出0.3cm的折边。将拉链齿靠着折边放置，并用大头针将拉链基带与拉链开口固定在一起。

服装基础工艺

2）如图4-8所示，用拉链压脚右侧的横轴安装拉链压脚。从拉链开口底端开始缝纫所有层，让拉链齿靠在压脚边上。

3）如图4-9所示，在压脚到达拉链头前面5cm时停止缝纫，落下机针插入布料，并抬起压脚；拉开拉链，然后降下压脚缝纫剩余部分。

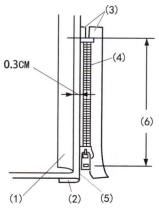

（1）上层缝份 （2）下层缝份 （3）拉链基带
（4）拉链齿 （5）折边 （6）拉链开口

图4-7 普通拉链缝制部件相关信息

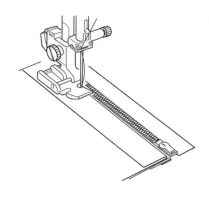

图4-8 普通拉链起始缝制中

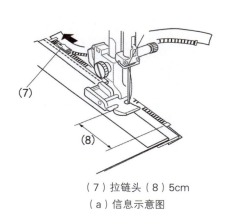

（7）拉链头（8）5cm
（a）信息示意图

（b）拉链缝制实物

图4-9 普通拉链缝制中途

4）如图4-10所示，拉上拉链，打开并摊平上层布料，布料覆盖在拉链上。将上层布料与拉链基带疏缝在一起。

5）卸下压脚，并用拉链压脚左侧的横轴安装拉链压脚。

6）如图4-11所示，缝纫开口底端1cm，并使用倒缝线迹加固；转动布料90度并在服装和拉链条上缝纫；在压脚到达拉链头前面5cm时停止缝纫；落下机针插入布料，并抬起压脚。拆除疏缝线迹。

7）拉开拉链，然后降下压脚缝纫剩余部分。缝纫结束后，拆除上层布料上的疏缝线迹，见图4-12。

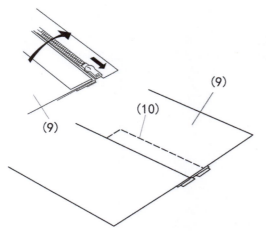

（9）上层布料（10）疏缝线迹

图4-10　普通拉链上层布料的疏缝信息示意

（11）倒缝线迹（12）5cm（13）疏缝线迹

图4-11　普通拉链上层布料的缝制信息示意

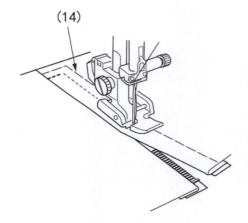

（14）上层布料的疏缝线迹信息示意　完成的普通拉链实物

图4-12　普通拉链安装的最后缝制

## 二、隐形拉链缝制方法

### 1. 材料准备

　　1）准备好将缝制拉链的两衣片和一根比开口尺寸长至少2cm的隐形拉链，并在两衣片边缘反面装拉链的位置烫粘衬（粘衬的长度与拉链基带等长），如图4-13所示。具体相关信息见图4-14。

　　2）对布边进行锁边，同时标记出拉链止口位置，见图4-15；准备好缝纫所需要的A压脚、普通拉链压脚E和隐形拉链压脚Z，见图4-16。

隐形拉链安装
视频

图4-13 准备缝制的隐形拉链和衣片

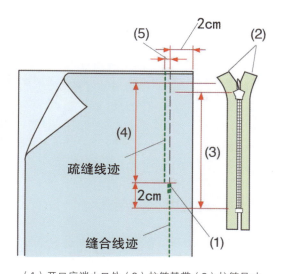

（1）开口底端止口处（2）拉链基带（3）拉链尺寸
（4）开口尺寸（5）0.3cm

图4-14 隐形拉链缝制布料准备信息示意图

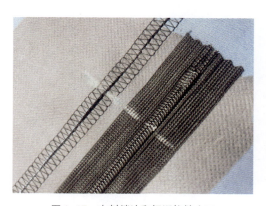

图4-15 布料锁边和标记拉链止口

图4-16 准备缝制的隐形拉链和衣片及压脚

## 2. 开始缝纫

1）装上通用压脚A，将布料正面相对放在一起缝纫到开口底端止口处，留2cm缝份，按倒缝键缝纫加固线迹，具体信息参见图4-14。

2）将针距调节至5.0，使用疏缝线迹缝纫开口。疏缝线迹往里平移0.3cm，即距边2.3cm缝边，见图4-17。

3）装上隐形拉链压脚。向上折叠左边的缝份到衣片上（图4-18）。打开拉链，拉链背面向上，放在右缝份上。拉链齿右边靠着折边并用大头针固定。

4）升起右边的拉链齿放下压脚，使得压脚左边的槽抓住拉链齿。缝纫拉链基带和布料，缝到底端止口并倒回针（图4-19）。

5）缝纫拉链左边基带：升起压脚，拉上拉链。更换拉链压脚E。转动并折叠衣片到右边。沿着左边的拉链基带的边缘缝纫，并在拉链底端前2cm处倒缝，见图4-20。

6）缝纫拉链右边基带：转动并折叠衣片到左边。沿着右边的拉链基带的边缘缝纫，在拉链底端前2cm处倒缝，见图4-21。

图4-17　疏缝线迹位置

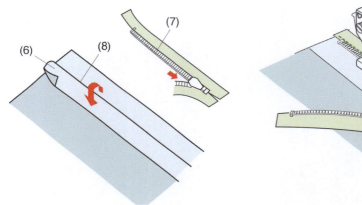

（6）左缝份（7）拉链齿（8）折边

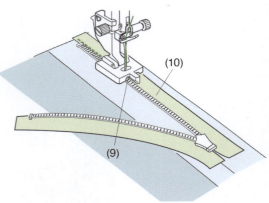

（9）左槽（10）拉链基带

图4-18　隐形拉链安装位置

（a）缝制中的隐形拉链正面

（b）缝制中的隐形拉链反面

图4-19　缝制中的隐形拉链正反面

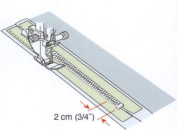

2 cm (3/4″)

（a）位置信息

（b）缝制的实物

图4-20　拉链左边基带缝纫

服装基础工艺

7）抬起压脚，更换隐形拉链压脚Z。去除疏缝线迹。打开拉链，在布料和拉链基带间插入拉手，使得拉链头能够到达底端，立起左边的拉链齿，放下压脚，使得压脚的右槽能够抓住拉链齿。缝纫整个拉链基带和布料，到达开口的底端，并倒缝加固线迹，见图4-22。

8）向上拉拢拉链，并将拉手从布料与拉链齿的间隙中拉出。衣片正面看不到拉链齿、开口处两个衣片对齐为佳，且衣片平整，见图4-23。

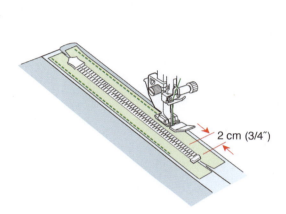

2 cm (3/4″)

（a）位置信息

（b）缝制的实物

图4-21　拉链右边基带缝纫

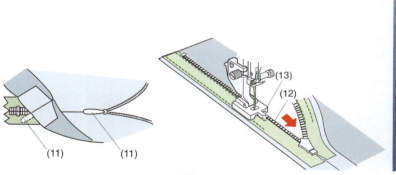

（11）拉手（12）拉链齿（13）槽

图4-22　缝纫隐形拉链

图4-23　隐形拉链缝制完成品

## 第三节　裙装腰口部件制作工艺

裙装腰口通常有装腰和无腰腰口两类，其工艺制作方法也不同，下面将分别阐述。

### 一、裙装腰部件制作

裙装腰部件的制作步骤如下：

1）根据腰围尺寸裁剪腰头和粘衬如图4-24。以布纹线方向裁剪腰长，腰长尺寸一般为腰围W+3cm，腰宽尺寸根据实际需求，这里设定腰宽3cm。

2）将粘衬带胶的一面与腰头面料反面相对进行熨烫，使粘衬边平行于布边1cm，如图4-25所示。根据面料材质调整熨斗温度，建议在粘衬上方垫一块薄棉布进行熨烫，达到保护粘衬和布料的作用，同时熨斗也能保持干净。

3）沿着粘衬边缘将布边向布料反面折起1cm缝边熨烫定型后，再沿另一边折边熨烫定型，如图4-26所示。

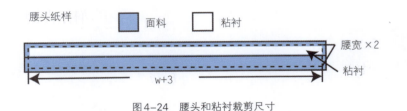

装腰视频

图4-24　腰头和粘衬裁剪尺寸

图4-25　粘衬腰头的实物示例

（a）粘衬边缘缝边扣烫　　　（b）腰头里层边缘缝边扣烫

图4-26　腰头折烫方法

服装基础工艺

4）继续沿着折边翻折熨烫定型，然后将外层折边翻开整理到里面熨烫定型，此时会得到两层错开的折边效果，如图4-27所示。

5）分别在腰头两端口处将布料翻折到反面，并缝线1cm缝边，然后翻出到正面，如图4-28所示。

6）将腰头与裙片用大头针固定在一起。腰宽窄的一面朝上，边缘与裙片距边1cm处对齐。根据腰围尺寸，腰头一边会多出3cm重叠量用于锁扣眼，如图4-29所示。

7）然后从腰的一头沿腰宽边缘缉缝1mm明线完成。之前熨烫腰头上层比下层略窄，就能确保缝线始终保持缝在腰头布料上，如图4-30所示。

（a）腰头里层边缘扣烫后向里折 （b）腰头两层错开的折边效果

图4-27　整理腰头扣烫边缘

（a）腰头反面

（b）腰头正面

图4-28　腰头两端口的缝制

（a）腰头与裙片

（b）裙腰正面

（c）裙腰反面

图4-29　腰头与裙片的对位

（a）裙腰正面　　　　　（b）裙腰反面

图4-30　安装完成的裙腰正反

## 二、无腰裙装腰口部件制作

无腰裙装腰口一般采用贴边缝，具体制作流程如下：

1）腰口贴边缝常用于安装隐形拉链的半裙。根据实际需要画贴边的裙片纸样（图4-31），以腰口线为基准向下画3~4cm平行线，再根据纸样放1cm缝边。这里以两个对称的裙后片为例。

2）根据纸样信息裁剪贴边和粘衬如图4-32，并将粘衬带胶的一面与贴边布料反面相对熨烫上去，如图4-33所示。

将装好拉链的裙后片与贴边布料对齐放到相对应的位置，如图4-34所示。如果裙后片已经缝合好侧缝，此时也应该缝合贴边侧缝。

无腰贴边
根据实际需要缝贴边的部位复制纸样
这里以左右对称的装好隐形拉链的两裙片为例

无腰贴边缝视频

图4-31　无腰裙后片纸样

图4-32　贴边和粘衬

图4-33　熨烫贴边粘衬

（a）正面

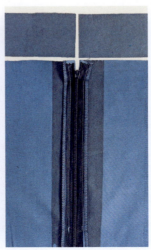

（b）反面

图4-34　裙后片与贴边

服装基础工艺

3）对贴边除腰口外的三边进行锁边，拉开拉链。按贴边实际对应位置，贴边与裙片正面相对，没有锁边的腰口边对齐（图4-35）。

4）从拉链开口处一边沿腰口边缘距边1cm缝纫到拉链开口另一边（图4-36）。然后向上翻起贴边，在贴边上缉缝1mm明线（图4-37）。

5）将贴边沿腰口缉线翻折，使衣片和贴边正面相对。再沿拉链齿边缘缝合两层布料如图4-38。

6）翻出拉链到正面，并熨烫整理，在腰口看不到贴边为佳，见图4-39。

图4-35　锁边贴边并对齐腰口边

图4-36　车缝腰口贴边

图4-37　缉缝1mm明线

图4-38　正面相对缝合贴边两头

（a）腰口正面

（b）腰口反面

图4-39　完成的腰口贴边

# 第 **5** 章
# 基础裙装结构设计与制作

# 第一节　基础裙装结构设计

一、根据图5-1基型裙款式，按照表5-1所需规格尺寸绘制基型裙结构图（图5-2）。

二、如图5-2所示画结构图，作布纹线，并标注相关信息。其中前片和裙腰片为对称片，以点划线为对称轴表示。

图5-1　基型裙款式

裙装基型裙视频1

裙装基型裙视频2

裙装基型裙视频3

表5-1　基型裙规格表（cm）

| 部位 | 腰围 | 臀围 | 裙长 | 腰宽 |
|---|---|---|---|---|
| 代号 | W | H | L | WB |
| 规格 | 70 | 92 | 58 | 3 |

基型裙净样板

腰围w=70cm　　臀围H=92　　3a=W/4-1
裙长L=58cm　　腰宽WB=3cm　　3b=W/4+1

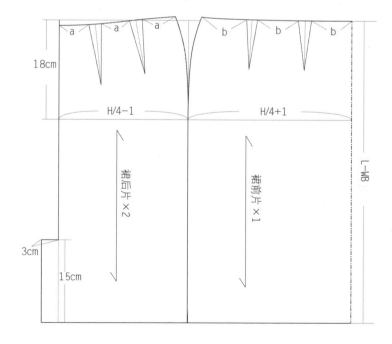

图5-2　基型裙结构图

三、在基型裙结构图基础上加放缝份完成工业样板（图5-3），并标注粘衬位置。一般缝份均为1cm，裙下摆贴边3cm。为了方便拉链安装，后中缝缝份1.5cm。

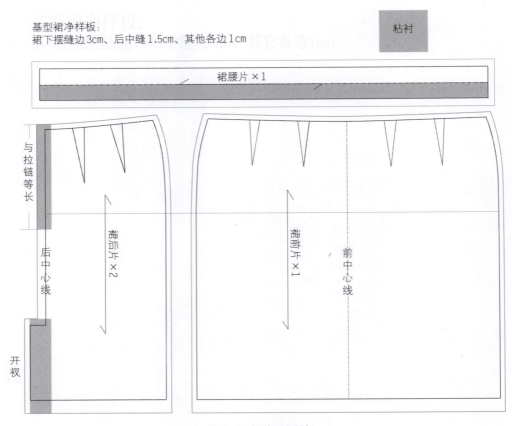

基型裙净样板：
裙下摆缝边3cm、后中缝1.5cm、其他各边1cm

粘衬

裙腰片×1

与拉链等长

后中心线

开衩

裙后片×2

裙前片×1

前中心线

图5-3　裙装工业样板

## 第二节　基础裙装制作流程和方法

1）剪下样板，对称样板可以只剪一半（图5-4）。将准备好的布料正面相对，沿布纹线方向对折。前片中线对齐折边放置，其他各片布纹线平行于布边放置（图5-5）。用珠针固定住样板与两层布料，沿样板边缘划线描出轮廓，参考内线画出省道位置。腰头部分对称画好完整样板。

2）沿轮廓线裁剪裙片，腰片只需要裁剪单层一片（图5-6），前后片裙两层一起剪下（前片是一整片，中间不要剪开）。对省道位打剪口方便后面省道缝合，根据纸样裁剪粘衬（图5-7）。

服装基础工艺

图5-4　裁断的裙装样板

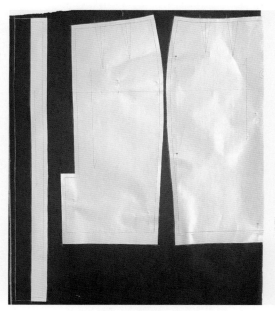

图5-5　裙装排料图

图5-6　腰片裁断图

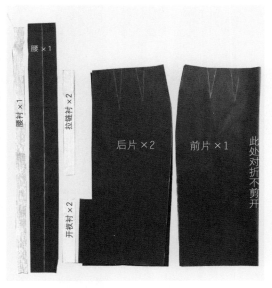

图5-7　裙片裁断图

　　3）将粘衬烫到衣片反面对应位置（图5-8）。然后对前后衣片进行锁边，其中腰口部位不用锁边（图5-9），如果下摆卷边缝纫也可以不用锁边。根据款式需求裁剪腰袢（数量可变）布料两片（尺寸3cm×8cm），四折熨烫腰片，三折熨烫腰袢待用，见图5-10和图5-11。

　　4）缝合所有省道（图5-12）。

　　5）缝合后中缝及开衩（图5-13和图5-14），安装隐形拉链（图5-15）（细节参考4.2.2隐形拉链缝制方法）。

图5-8 熨烫粘衬

图5-10 腰衬裁剪

图5-11 熨烫腰片和腰衬

图5-9 裙片锁边

图5-12 缝合省道

服装基础工艺

图5-13 缝合后中缝

图5-14 缝合开衩

图5-15 安装隐形拉链

6）缝合裙侧缝时，可以先用珠针固定双层布料避免缝纫时上下层错位导致侧缝不能对齐（图5-16），图5-17和图5-18分别为缝合侧缝后的前后效果。

7）熨烫省道倒向衣片两侧（图5-19），侧缝劈开熨烫（图5-20），熨烫裙下摆折边3cm（图5-21）。

图5-16 侧缝正面对合

图5-17 缝合侧缝的后片效果

图5-18 缝合侧缝的前片效果

8）开衩处熨烫时注意上下层折边对齐见图5-22，缝纫外层折边边角见图5-23效果。翻折缝合开衩内层缝边（图5-24和图5-25），图5-26为开衩缝合效果图。

9）暗缝翘边缝下摆，用布料同色线缝纫暗缝更适合厚料（图5-26），或者反差色缝纫一般布料达到如图5-27和图5-28的效果。

图5-19 熨烫省道

图5-20 分烫侧缝

图5-21 熨烫下摆

图5-22 对齐上下层折边开衩

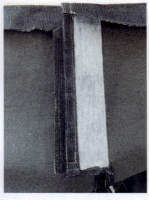
图5-24 开衩内层

图5-25 翻折缝合开衩内层

图5-23 外层折边边角缝纫效果

图5-26 布料同色线暗
缝翘边

图5-27 反差色翘边正面

图5-28 反差色翘边反面

服装基础工艺

图5-29 花式线迹缝腰衬　　图5-30 定位腰衬　　图5-31 定位侧面腰衬

10）选择一个可以缝住布料毛边的花式线迹缝纫腰衬（图5-29），再将腰衬正面与衣片正面相对缝到对应位置（图5-30和图5-31）。

11）将腰片折边拉开，与裙片正面相对，近粘衬一边的缝边对齐裙腰口并用夹子辅助定位（图5-32）。

沿粘衬边缘缝合两层布料（图5-33），此时腰头应该一边多1cm缝边，另一边长出4cm为准，如图5-34和图5-35所示。

图5-32 对位腰片　　　　　　　　　　　图5-33 车缝腰片

图5-34 腰片定位正面　　　　　　　　　图5-35 腰片定位反面

12）缝合腰头上下层，注意上下层缝边折边如图错开1mm（图5-36），翻出腰头到正面如图5-37所示。

13）在腰上层缉缝1mm明线，缝住腰片上下层，如图5-38和图5-39所示。

14）向上翻起腰衬、折光缝边，回针加固缝到腰片上，如图5-40和图5-41所示。

图5-36 缝合腰头上下层

图5-37 翻出腰头正面

图5-38 缉缝腰头明线裙正面

图5-39 缉缝腰头明线裙反面

图5-40 完成腰袢缝合

图5-41 腰袢缝制细节

15）在腰头外层锁扣眼（图5-42），腰头里层钉纽扣（图5-43），图5-44为扣眼与纽扣闭合状态，裙子制作完成，完成成品正面和背面（图5-45和图5-46）。

服装基础工艺

图5-42　锁扣眼

图5-43　钉纽扣

图5-44　闭合状的扣眼与
　　　　纽扣

图5-45　裙装成品正面

图5-46　裙装成品背面

# 第6章
# 创意作品设计与工艺

本书举例儿童花边两节裙和拼布
束口袋创意作品设计为典型工艺案
例，具体工艺制作步骤分述如下。

## 第一节　儿童花边节裙设计与工艺

1）根据图6-1的两节裙效果图和尺寸设计制作样板，然后裁剪布料和松紧带（图6-2），注意布纹线方向和裁片数量。

2）如图6-3所示，对两片裙的下片抽细褶，控制抽褶后长度等于裙上片长度。运用多功能数字缝纫机可以直接更换细褶压脚进行抽褶，薄料抽褶效果比较理想，厚料可以在细褶压脚抽褶缝完之后根据褶量需求调整。

儿童花边碎褶裙
视频1

儿童花边碎褶裙
视频2

儿童拼接花边裙样板（毛样）

裙长L=32cm　腰围W=40cm

4cm
3cm
（连腰）裙上片×2片
尺寸：42×21cm

松紧带尺寸：42×3cm

裙下片×2片
尺寸：82×21cm

裙花边×2片
尺寸：240×7cm×2片

图6-1　儿童拼接花边裙效果图和样板

图6-2　裁断的裙片和松紧带

图6-3　抽细褶的裙下片

3）裙下片与裙上片正面相对（图6-4），抽褶边缘与裙上片下边对齐，并用珠针固定。然后距边1cm缝边缝合两裙片，缝合过程中拔掉珠针、整理褶皱，确保褶量均匀、缝边整齐，如图6-5所示。

4）对缝合的边和裙下片底边进行锁边，本款底边直接窄边密拷锁边，如图6-6所示。

5）对两片裙花边的两长边进行卷边缝（图6-7），也可以根据工艺要求窄边密拷（密拷时缝边量相应减小），多功能数字缝纫机可以更换卷边压脚卷边会更方便快捷。然后再用褪色笔画出花边的水平中心线，便于安装对位，如图6-8所示。

图6-4　上下裙片正面对合

图6-5　缝合后的上下裙片外观

图6-6　锁边后的裙片

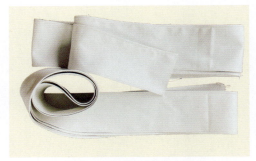

图6-7　花边卷边缝或密拷

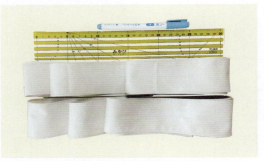

图6-8　标记花边水平中心线

服装基础工艺

6）进行花边抽褶缝（图6-9），当不更换压脚制作时，选择直线线迹，针距调到5，面线张力调到1，沿水平中心线缝两条3mm左右平行线；然后拉紧底线，推动布料起皱，直到最终长度等于裙下摆长度（图6-10）。缝两条抽褶线可以避免后期缝制时花边扭曲，方便花边与下摆的缝合。

7）将花边分别用大头针固定在裙摆边缘，并用直线固定（图6-11）；也可用之字线迹或者花式线迹缝纫固定（图6-12）。

8）将缝合完成的两裙片正面相对（图6-13），注意侧缝拼接点对齐，缝合两边侧缝（图6-14），图6-15为裙正面外观。

9）将松紧带对折再对折，并用褪色笔标记对折点（图6-16）。缝合的裙腰口边用同样方法标记对位点（图6-17）。松紧带两头对齐，直接用锁边机锁边缝合。

图6-9　花边抽褶缝

图6-10　抽褶制成的花边

图6-11　固定花边

图6-12　完成后的花边效果

图6-13　正面相对裙片

图6-14　缝合裙侧缝

图6-15　裙正面效果

10）松紧带置于裙腰反面，用珠针固定松紧带和裙腰对位点（图6-18）。然后对它们进行锁边缝合如图6-19所示，缝纫过程中拉开松紧带至下层裙腰长度一致。

11）将腰口沿着松紧带另一边翻折，包住松紧带（图6-20），可以珠针稍做固定。距折边2.5cm缝纫固定松紧带整圈（图6-21），缝纫过程中拉平松紧带缝纫，完成作品见图6-22。

图6-16　标记松紧带对位点

图6-17　标记裙腰口对位点

图6-18　对位松紧带与裙腰

图6-19　锁边缝合松紧带

图6-20　翻折松紧带

图6-21　缝纫固定松紧带

图6-22　儿童花边节裙成品

服装基础工艺

1）准备略大于纸样（图6-23）的铺棉和里布各三块，碎布料若干（这里使用环保废旧牛仔布）和渐变色的纯色布料用于中间的玫瑰花拼布设计与制作。

2）参考纸样内线在铺棉上设计中间玫瑰花图形，参考线如图6-24所示，不必完全一样，由内向外按规律画，并标上数字即可。在铺棉下垫上里布，准备好缝纫机待缝（图6-25）。

束口袋视频

束口袋纸样（净样）

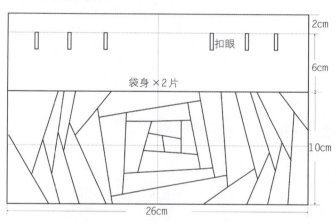

图6-23　束口袋纸样

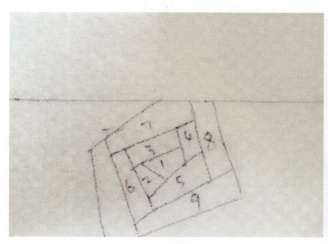

图6-24　玫瑰花图

图6-25　准备缝纫机

3）裁剪1、2号布料（尺寸比划线样略大）并正面相对，2号布置于上层并用珠针固定到1号位置（图6-26）。沿1-2拼接线缝纫，然后拔掉珠针（图6-27）。翻起上层布料拉平，根据图形修剪布边。

4）然后准备3号布料（尺寸比划线样略大）（图6-28），正面朝下，布边对齐1、2与3号的拼接线，并用珠针固定后沿拼接线缝合。依次拔掉珠针，翻起上层布料拉平，再根据图形修剪布边（图6-29）。

面料由浅到深或由深到浅，按以上方法拼接完成整块区域玫瑰花（图6-30）。然后两侧用牛仔布随意剪切拼接（图6-31）。

图6-26　放置1和2号布料

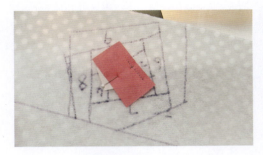

图6-27　缝纫1和2号布料

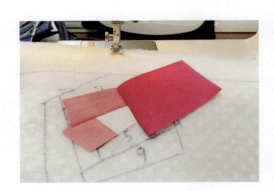

图6-28　准备3号布料

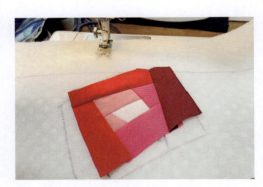

图6-29　依次设计并缝制玫瑰花

图6-30　完成的拼布玫瑰花

图6-31　两侧随意拼接牛仔布

服装基础工艺

图6-32　缝纫包身上半部

图6-33　直线绗缝包底

图6-34　完成的包身与包底

图6-36　缝合包身与包底

5）完成下半部分后，上半部分用一块完整的布料拼接（图6-32），并用同样的方法完成另一片包身。裁剪包底表布比纸样略大，表布、铺棉和里布三层一起用同步压脚绗缝直线（图6-33）。

6）根据纸样修剪缝好包身与包底如图6-34，并缝合包身侧缝（图6-35）。用同步压脚缝纫多层材料，可以防止错位，布料起皱等。

7）再根据纸样裁剪包身里布两片，两片里布侧缝缝合，其中一边侧缝缝合留翻口。将包身和包底表布与表布相对，里布与里布相对，找好对位点并用夹子固定。然后将包身与包底沿缝边缝合（图6-36）。

8）包身正面与里布正面相对在包口缝合一圈（图6-37），然后从翻口翻出，并缝合侧缝翻口（图6-38）。翻出包型并熨烫整理（图6-39和图6-40）。

图6-35　缝合包身侧缝

图6-37　缝合包口

9）根据纸样标记出扣眼所在位置，用多功能缝纫机配合锁扣眼压脚在包身上锁扣眼（图6-41）。

10）用拆线器开扣眼，并穿束口绳和包带，图6-42和图6-43为缝制完成的作品正面与背面。

图6-38　缝合侧缝翻口

图6-39　整理后的包背面

图6-40　整理后的包正面

图6-41　定位并锁扣眼

图6-42　作品正面

图6-43　作品背面

服装基础工艺

附录

# 多功能智能缝纫机

日本蛇目株式会社于2022年发布了新一代智能多功能缝纫机——真善美绣花缝纫拼布一体机，型号为M17，如图7-1所示。真善美M17智能多功能缝纫机开启缝纫、拼布、绣花的新模式，它具有颜值高、速度快、精度高、智能化程度高的特点。它有两个全彩色触控屏，如图7-2所示，右屏8.5"x5.3"，中屏3.8"x2.1"，臂长达到34.3cm，臂下空间达到14cm高度。

M17的A.S.R.绗缝针距感应系统，可以感应控制针距，如图7-3所示。它有850个内置缝纫线迹(13种一步扣眼线迹，3个字体字库)，1300针/分钟的缝纫速度和1200针/分钟的绣花速度；标配6个花绷，最大绣花花绷面积达46cmx28cm，如图7-4所示；标配1230个内置绣花花样；标配Mac和PC都可以使用的绣花软件Artistic Digitizer Jr.；标配缝纫线迹编辑软件Stitch Composer和拼布软件Quilt Block Advisor；收纳式宝塔线架；自动面线张力记忆功能；机针上/下位置自动升降；针板91个机针位置；通过膝控杆控制的变化之字线迹的自由压线功能；宽度调节双针保护功能；九个超亮LED灯；龙门架绣花臂结构等。

## M17是一台绣花机

最大绣花面积为28cm x 46cm（标配6个花绷包括用于多层布料的磁性花绷，如图7-5所示），绣花速度400~1200针/分钟，1230个内置绣花花样绣花格式：＊.JEF，＊.JEF+，＊.JPX，标配Mac和PC都可以使用的绣花软件Artistic Digitizer Jr.。

由于机器由精密的部件制作，所以能够绣高精度的绣花花样。断线后自动退回功能，绣花定位标识多种绣花线迹：榻榻米线迹、包针线迹、十字绣线迹、乱针线迹等，见图7-6。

## M17又是一台多功能缝纫机(一台顶多台单一功能的缝纫机)

直线最快缝纫速度为1300针/分钟，之字

图7-1　M17真善美绣花缝纫拼布一体机

图7-2　M17双LED触控屏

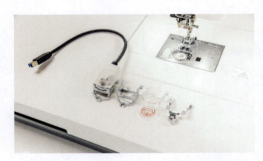

图7-3　M17A.S.R.绗缝固定针距感应压脚

图7-4　M17绣花花绷

图7-5　M17标配花绷

服装基础工艺

线迹为1000针/分钟(可以自由限制最快缝纫速度)，能够缝纫薄料和弹性的针织布料，真善美的一贯的吃厚能力使得它就是一台厚料缝纫机。

M17配置有不同压脚，如图7-7所示，当使用同步压脚时（有宽和窄两种规格的同步压脚），缝纫多层布料也不会出现上层送料慢下层送料快的现象（A.S.R.绗缝针距感应压脚，包括开口、闭口、透明、尺子四个压脚头）；使用工业压脚时，秒变工业缝纫机的窄HP和HP同步压脚，使之送料更顺滑；使用皮革压脚时，就是一台皮革缝纫机，可以缝纫皮革、人造革等；使用暗缝压脚时，就是一台暗缝机(撬边机)；使用锁扣眼压脚时，可以缝纫自动控制长度的平头扣眼、圆头扣眼、钥匙孔扣眼、滚边扣眼、嵌绳扣眼、针织扣眼等13种扣眼，就是一台锁扣眼机；它还是一台拷边机：两线拷边机、两线密拷机；当配合不同的压脚和内置线迹时，它还可以是一台套结机、打褶机、钉钮扣机、抽褶机、双针缝纫机、绗缝机。

M17内置有850种线迹，可以缝纫出漂亮的装饰线迹、抽纱效果、小圆眼、卷边、包边、缝纫字母(可以组合字母，也可组合不同的线迹)，线迹可以镜像、加长。随机赠送的线迹设计软件，还可以在电脑上自由设计出需要的线迹让机器来缝纫，见图7-8。

M17拥有自动剪线、自动穿线、针板自动升起(配有多种针板)、膝控抬压脚、自动控制压脚高度、自动控制面线张力、自动抬压脚、快装压脚、可以缝纫弹性面料、速度高达2000转/分钟的绕梭芯独立电机、顶置全回转旋梭、四个位置九个超亮LED灯的功能和特点。

## M17是一台拼布机

机针右边缝纫空间为34cmx14cm（13.5"x5.5"），就像一台长臂机，可以无阻碍地压被子等大作品，如图7-9所示。多种拼布便利线迹，比如一针停功能、自由绗缝线迹、贴布绣线迹、仿刺子绣线迹、仿手缝线迹、尺子压线等。

等长针距的自由绗缝(无论移动作品快慢，机针速度都会自动变化，缝纫出来的针距都一样大小)，自动计算拼布图谱尺寸如图7-10所示。

图7-6　多种绣花线迹

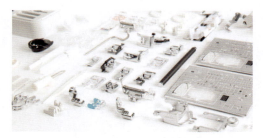

图7-7　M17配置的不同压脚

图7-8　M17的内置线迹

图7-9　M17的拼布功能

图7-10　M17的自由绗缝功能

## M17具体功能视频

M17具体功能详见视频。

图7-11为M17机器简介，图7-12为M17穿面线方法，图7-13是M17绕梭芯方法，图7-14是M17吊底线方法，图7-15是M17更换压脚的方法，图7-16是M17更换针板的方法，图7-17为M17功能键介绍，图7-18为M17机器自定义方法，图7-19是M17送布牙升降方法，图7-20是M17锁扣眼方法，图7-21是M17选线迹方法，图7-22是M17组合线迹方法，图7-23是M17绣花方法，图7-24是M17拆装绣花附件方法，图7-25是M17编辑绣花文件方法，图7-26是M17绷花绷方法，图7-27是M17保存读取文件方法，图7-28是M17镜像线迹方法。

M17简介视频

图7-11　M17机器简介

穿面线视频

图7-12　M17穿面线

绕梭芯视频

图7-13　M17绕梭芯

吊底线视频

图7-14　M17吊底线

更换压脚视频

图7-15　M17更换压脚

更换针板视频

图7-16　M17更换针板

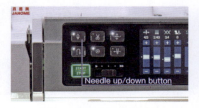

功能键视频

图7-17　M17功能键

机器自定义视频

图7-18　M17机器自定义

服装基础工艺

送布牙升降
视频

图7-19　M17送布牙升降

锁扣眼视频

图7-20　M17锁扣眼

选线迹视频

图7-21　M17选线迹

组合线迹视频

图7-22　M17组合线迹

绣花视频

图7-23　M17绣花

拆装绣花附件
视频

图7-24　M17拆装绣花附件

编辑绣花文件
视频

图7-25　M17编辑绣花文件

绷花绷视频

图7-26　M17绷花绷

保存读取文件
视频

图7-27　M17保存读取文件

镜像线迹视频

图7-28　M17镜像线迹

## 参考文献

［1］鲍卫君主编. 服装工艺基础［M］. 上海:东华大学出版社, 2016.

［2］丁智, 廖政. 不同面料在熨烫工艺下对服装结构量化的影响探究［J］. 黑龙江纺织, 2017, No.148（02）:4-6.

［3］雷中民, 胡茗. 熨烫工艺影响不同面料服装造型的量化研究［J］. 纺织学报, 2005,（06）: 122-125.

［4］武英敏. 丝绸面料熨烫时的热缩率分析［J］. 国际纺织导报, 2009, 37（03）:74-76.

［5］武英敏. 温度对涤纶面料热缩率的影响［J］. 上海纺织科技, 2008, 36（11）:27-28.

［6］陈果. 浅析缝纫工艺、结构制版与立体裁剪技术在服装领域中的结合应用［J］. 轻纺工业与技术, 2022, 51（05）:93-96.

［7］许仲林. 传统手缝工艺技法的分析研究［J］. 轻纺工业与技术, 2013, 42（04）:67-68.

［8］东北三省职业技术教材编写组编. 服装缝纫工艺［M］. 沈阳:辽宁科学技术出版社, 1993.

［9］张文斌. 成衣工艺学［M］. 北京:中国纺织出版社, 2019: 14-213.

［10］王玲, 曾玉梅, 马昌利, 等. 服装工艺［M］. 北京:中国铁道出版社, 2013: 5-14.

［11］郑淑玲. 服装制作基础事典［M］. 郑州:河南科学技术出版社, 2013: 8-10.

［12］孙兆全. 成衣纸样与服装缝制工艺［M］. 北京:中国纺织出版社, 2018: 12-34.

［13］牛海波, 马存义. 实用服装裁剪与缝制轻松入门——综合篇［M］. 北京:中国纺织出版社, 2015: 38-43.

［14］童敏, 郭冬梅, 田琼, 等. 服装工艺缝制入门与制作实例［M］. 北京:中国纺织出版社, 2015: 18-21.

服装基础工艺